JN111108

クラウド
活用テクニック
150

2020 Cloud Activate Manual 150 !!!!

2020年｜最新版!

CONTENTS

記録

🏷ページ 収集

ページ 同期

ページ 共有

応用
ページ

ページ

おすすめクラウド集中講座
ページ

クラウドを活用すれば、仕事も趣味も10倍ラクになる!

クラウドを活用して快適で充実した生活環境を作る!

そもそも「クラウド」とはどのようなものなの?

　現在では、すっかりPC環境に定着しつつある「クラウド」という言葉は、高速回線やスマートフォンの普及もあり、すっかりおなじみである。様々な意味で使われる「クラウド」だが、一般ユーザーにとって最も身近なのが、インターネットを経由して様々なサービスが受けられる「パーソナルクラウドサービス」。「Google」や「Dropbox」など、パソコンやスマートフォンを使っていれば、目にしたことがない人はいないだろう。

　これらのサービスは、インターネット上のサーバ（クラウド）に情報を保存（同期）して、パソコンやスマートフォンからアクセスして利用する仕組みになっている。インターネットへ常時接続していれば、クラウドを利用していることを意識することなく利用できるのが大きな特徴だ。

　クラウドの利点の一つは、サーバを通じて複数のコンピュータやスマホを簡単に結びつけられる点。アカウントを一つ取得すれば、自宅のパソコンと外出先のパソコン、スマートフォン、さらには友人や同僚のコンピュータを繋いで、いままで出来なかったような世界を体験することができる。

　現在、多くのクラウドサービスが無料で提供されており、誰でも簡単に利用することができる。クラウドで、日々の生活をさらに効率化＆充実させよう！

テレワーク、在宅勤務には必須の超便利ツール!

　このクラウドツールは、普段から在宅勤務やリモートワークが多い人には非常に便利である。自動的に会社のオフィスのPCとまったく同じ環境に同期でき、環境の違いを気にすることなくスムーズに会社の作業の続きが行えるのだ。また自宅のPCにMicrosoft Officeが入っていなくても、GoogleドライブのツールやOneDriveのOffice Onlineでかなりのレベルまで代用することが可能だ。

クラウドサービスの利用イメージ

クラウドサービス

インターネット接続

ノート　　ストレージ　　スケジュール

インターネットへ接続した端末で、各クラウドサービスへ接続。ノートやスケジュールなどのクラウド対応アプリや、同期されたストレージを、ネット上のサーバを意識することなく自然に利用できる。作成した情報は、すべてクラウド側へ保存される。

　2020年2月に発生した「新型コロナウィルス」のせいで在宅勤務を余儀なくされた方も多いと思うが、今からでも遅くないので便利なクラウド環境を準備して日々の作業を快適にしていこう。

クラウドを活用することで、多くのメリットが受けられる

クラウドを活用する
3つのメリット

1
情報を集約して一元的に 管理・活用できる

　スケジュール管理や仕事で使うファイルなど、日常的に扱う情報は、意識しないと色々な場所に散逸してしまい、いざという時に参照できなかったり、情報を取り出すのに時間がかかってしまう場合がある。

　そのような情報をクラウドで一元管理すれば、パソコンやスマートフォンから、必要な情報を的確に取り出すことができる。

2
情報を安全に 保存&スムーズに同期

　クラウドでは、受け取った情報をインターネット上に保存するため、万が一パソコンがクラッシュしたりスマートフォンを紛失しても、データはバックアップされているため無事。このクラウド上のファイルは、接続したコンピュータと自動的に同期でき、どのコンピュータでデータを更新しても常にすべてのマシンで最新のデータを利用できる。

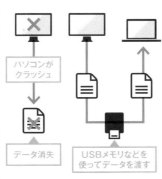

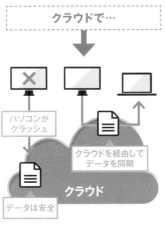

3
情報の共有を 効率的に行える

　一つの情報やファイルを共有しようとした時、通常はメールを使ったり、USBメモリなどを使って共有したいユーザーへ情報を渡すことになるが、ユーザー数が多いとこの方法は時間も手間も膨大にかかってしまう。

　クラウドなら、サーバ上の情報を共有するだけで、必要なユーザーへ効率的に情報を伝達することができる。

3大クラウドサービスの特徴

3つのサービスで
クラウドの醍醐味を体験

　現在、数多くのパーソナルクラウドサービスが提供されているが、その中でも多くのユーザーの支持を得ているのが、「Evernote」「Dropbox」「Googleサービス」の3つのサービスだ。

　テキストや画像といった「生」のデータを中心に扱うEvernote、ファイルやフォルダといった「データ」を扱う

Dropbox。そして、メールやスケジュール、オフィス書類など幅広く「情報」を扱うGoogle……それぞれ全く異なる特徴を持ったサービスだが、使い勝手の良さや信頼性において、一歩抜けた存在と言えるだろう。また、OneDriveは、この3つのクラウドを融合させたようなサービスといえる。この3サービスを使いこなせば、現在個人が利用できるクラウドの世界を一通り体験することができるはずだ。

　本書でも、この3サービスの活用法を中心に、クラウドの活用法を紹介している。まずはそれぞれの特徴を見ていこう。

メモ、写真、音声、ウェブ…あらゆる情報をクラウドへ集約させる究極のノートブック

Evernote

開発 ●Evernote Corporation
URL ●http://www.evernote.com/

メモや写真、ウェブなど、様々な情報を登録してクラウドへ同期するクラウドノートブック。気になった情報や、手書きのメモのような細かい情報も、クラウドへ集約することで一大データベースとして活用できる。

気になった情報はすべてクラウドノートへ放り込む

　Evernoteは、クラウドと同期するノートブックアプリケーション。買い物の備忘録やアイデア帳といった、ちょっとしたメモから、写真、音声メモ、ウェブサイトのクリッピングまで、あらゆる情報を「ノート」として登録し、クラウドへ同期させることができる。

　スマートフォンやタブレットからも利用することができるので、自宅で収集した情報を外出先で利用したり、逆に外出先で撮影した写真やメモを自宅に帰ってから整理するなど、その使い方は様々。

　メモ帳として、情報収集ツールとして、データベースとして……アイデア次第でフレキシブルに活用できるクラウドサービスだ。

テキストやウェブ、写真など様々な情報をクラウドに集める！

スマホで外出先からクラウドをサクッと活用！

検索やタグを付けて収集したデータを活用！

●類似アプリ……OneNote、iOSの標準メモなど
●無料プランでの機能制限……同期できるデバイスが最大2台まで

パソコンやスマートフォンのデータを自動的に同期してくれるクラウドストレージ

Dropbox

開発 ●Dropbox
URL ●http://www.dropbox.com/

大人気のクラウドストレージサービス。重要なデータのバックアップとして活用
できるほか、複数マシンのデータ同期やファイル共有など、工夫次第で様々な活
用法が考えられる。無料で2GBのスペースを利用できる。

「入れるだけで同期」のシンプルさが魅力

　無料で2GBの容量を利用できる、クラウド
型のオンラインストレージサービス。設定して
おいた同期フォルダにファイルを格納するだけ
で、データを自動的にクラウドへ同期。複数の
パソコンにDropboxをインストールすれば、
同期フォルダの内容を常に最新の状態にしてく
れる。もちろん、スマートフォンにも対応してお
り、同期したデータを外出先から確認したり、
スマートフォンから写真やファイルをアップロー
ドすることも可能だ。

　また、同期フォルダ内のファイルやフォルダ
を共有して、特定ユーザーや一般向けにファイ
ルや写真を公開することも可能。ファイル転送
サービス的な使い方もできる。

●類似アプリ……Microsoft OneDrive、
Box、テラクラウドなど
●無料プランでの機能制限……同期できる
デバイスが最大3台まで

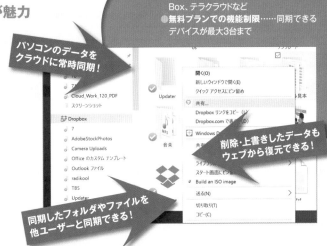

パソコンのデータを
クラウドに常時同期！

削除・上書きしたデータも
ウェブから復元できる！

同期したフォルダやファイルを
他ユーザーと同期できる！

メールからドキュメント編集まで、多種多彩なクラウドサービスを提供

Google G

開発 ●Google
URL ●http://www.google.com/

検索エンジンとして誰でも知っているGoogleは、様々なクラウドサービスも提
供している。メールやスケジュール管理、オフィス書類を編集可能なドライブなど、
多くのサービスをアカウント一つで利用することができるのが魅力。

「Gmail」など、魅力的なクラウドサービスが満載

　Googleは、言わずとしれた検索エンジンの
大手だが、それ以上にウェブベースのクラウド
サービスに力を入れている。「ブラウザが使え
れば、いつでもどこでも同じ環境を手に出来る」
様々なサービスを提供している。

　その中でも、もっともメジャーな存在がメー
ルサービス「Gmail」。メッセージなどすべて
の情報をクラウドに保持することで、自宅でも
外出先でも、パソコンでもスマートフォンでも、
同じメール環境を利用できる。他にも、スケ
ジュールを同期できる「Googleカレンダー」
やクラウド上でドキュメントを編集・共有できる
「Googleドライブ」など、魅力的なサービス
を多数提供している。

●類似アプリ……Microsoft Office Online、Yahoo!など
●無料プランでの機能制限……特になし

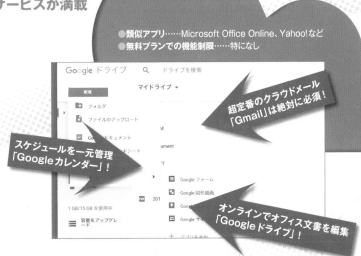

超定番のクラウドメール
「Gmail」は絶対に必須！

スケジュールを一元管理
「Googleカレンダー」！

オンラインでオフィス文書を編集
「Googleドライブ」！

クラウドサービスを活用するための
4つのキーワード

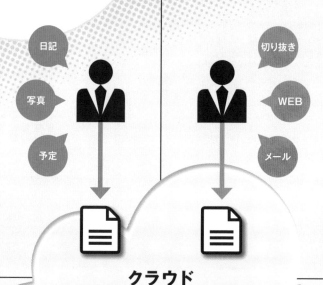

1 記録

日常で起こる様々な出来事や、カメラで撮影したスナップ、会議の内容やスケジュールまで、日々発生するあらゆる情報は、クラウドに記録しておき活用できる。

2 収集

ウェブで気になった記事や、興味のある事柄について調べた資料、雑誌の切り抜きからチラシまで、少しでも自分のアンテナに引っかかった情報は、すべてクラウドへ蓄積!

3 同期

重要なデータをクラウドへ同期させることで、データの紛失を防ぐことができる。また、データをクラウドへ同期しておけば、あらゆる手段でそのファイルや情報にアクセスできる。

4 共有

クラウドに保存された情報は、簡単な設定で他ユーザーと共有できる。撮影した写真を一般へ公開したり、1つの文書を共同で編集するなど、情報の活用の幅が一気に広がる。

　一言で「クラウド」といっても、サービスによってその内容は様々。しかしその概念を考えると、クラウドの活用方法は「記録」「収集」「同期」「共有」の4つのキーワードに集約され、クラウドサービスの機能の多くをこれらに当てはめることができる。サービスを活用するうえで、この4つのキーワードを念頭に置くと「自分がクラウドで何をしたいか」が見えてくるだろう。根本的な部分が見えてきたら、「Slack」などのチャットツールや、さまざまなテレビ会議ツールなども導入して更に快適な環境を作っていこう。

クラウド活用テクニック

001▶150

NEXT PAGE!!

身の回りのあらゆる情報や、日々の行動をクラウドに

記録 する

日々の行動や、それに伴う情報は
すべてクラウドに記録して蓄積しよう

　私たちの日々の生活は、様々な情報を処理しながら営まれている。仕事や食事の予定があればスケジュール帳にその情報を書いておくし、打ち合わせや会議の内容を記録したり、友達の連絡先管理なども重要だ。外出時には訪れるお店の地図をプリントアウトして持って行く。移動中、ちょっとした近況や気になった情報はツイッターでつぶやくし、寝る前にはその日の出来事を日記に書いておく人もいるだろう。しかし、これらの情報はたいてい、その期限が経過するとすぐに捨てられ、忘れ去られてしまうことが多い。

　そこで、日常のあらゆる情報を、クラウドに記録するようにしてみよう。これまで、手帳や日記帳、メモ帳などバラバラに管理されていた情報をクラウドに集中させることで、情報が散らばるのを防ぎ、過去の情報を蓄積して利用することができる。「あれ、どこにメモしたかなあ？」という事態も激減するはずだ。

001-037

こんな用途に最適!	▶ 思いついたことをその場ですぐにメモできる
	▶ メモした内容をいつでもどこでも確認できる
	▶ 買い物リストやToDoリストの管理に最適

EvernoteでPCと携帯端末のデータを同期する

ToDoリスト、個人情報、備忘録まで あらゆるメモをEvernoteで一元管理

気になることをさらっとメモするのに便利なアプリといえばEvernote。クラウド上にメモを保存し、自宅のPCだけでなく、スマホや外出先のPCからでもメモを確認できる。自宅で買い物リストを作成して移動中にスマホでメモをチェックするといった使い方が効果的だ。

APP
Evernote

あらゆる端末に対応しているから どんな場所でもメモを確認できる

EvernoteはWindowsをはじめ、Mac OS X、iPhone、Androidなどあらゆる端末でクライアントが配布されており、異なる端末間でもメモ内容を素早く確認できるのが最大のメリットだ。買い物メモから緊急連絡先情報、日記までそのとき思いついたことを手近な端末で記録すれば、いつでもどこでもすぐに確認することが可能。もうプリントアウトや、メール転送をする必要はない。

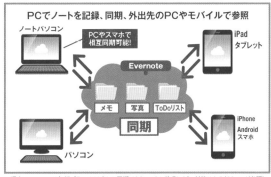

PCでノートを記録、同期、外出先のPCやモバイルで参照

※現在、Evernoteは無料プランでは2台しか同期できないことに注意しよう。対策はある(63ページ参照)。

PCと携帯端末のEvernoteデータを同期してみよう

PC上で買い物をリストを作成して 外出先でスマホで確認する

PCで作成しておいたEvernoteのメモを携帯端末で同期してみよう。PCからEvernoteを利用するには、公式サイトにアクセスしてクライアントアプリをダウンロードしよう。スマホから利用する場合はiPhoneであればApp Storeから、AndroidであればPlayストアからクライアントをダウンロードしよう。なおEvernote公式ページからブラウザ経由で利用することも可能だ。

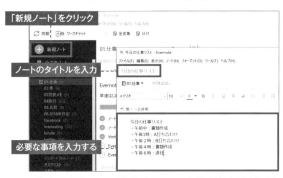

「新規ノート」をクリック
ノートのタイトルを入力
必要な事項を入力する

① PC版Evernoteを起動。上部メニューの「新規ノート」をクリックしよう。新規ノートが作成されるので、タイトルと本文を入力しよう。

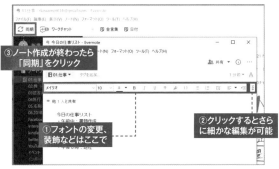

③ノート作成が終わったら「同期」をクリック
①フォントの変更、装飾などはここで
②クリックするとさらに細かな編集が可能

② ノートではフォントや大きさ変更や文字装飾、またファイルの添付などが可能。ノート作成が終わったら「同期」ボタンをクリックしよう。

PC版で使っているアカウントでログインし、メニューから「ノート」をタップしよう

③ PCで作成したノートをiPhoneで確認するにはEvernoteのiPhoneアプリをインストールして、取得したEvernoteのアカウントでログインしよう。

002

こんな
用途に
最適！

▶ 外出先で気になることを素早くメモする
▶ 携帯端末の入力が苦手な人でも素早く入力
▶ 写真や音声入力で記録できる

スマホ版Evernoteの独自の機能を使いこなそう

外出先で思いついたアイデアを
スマホでメモして自宅で整理

APP
Evernote

外出先で思いついたアイデアを忘れずメモしたいときはスマホ版Evernoteでサクッとメモしよう。クラウド経由で自宅のPCとノートを同期したあと、PC版Evernoteの多彩な編集機能でノートを整理・分類していこう。

撮影した写真やボイスレコーダーでの音声記録もメモできる

スマホ版Evernoteには、カメラで撮影した写真やボイスレコーダーで録音した音声をクラウドへ保存できるなど、携帯端末ならではの機能が搭載されている。ショッピング中に気になった商品や告知ポスターなど、言葉でメモするのが面倒な内容はカメラで撮影すると楽になる。またキータッチが遅い人はボイスレコーダーで、口頭で素早く記録することもできる。

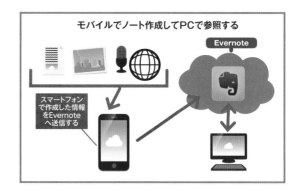

モバイルでノート作成してPCで参照する

スマートフォンで作成した情報をEvernoteへ送信する

スマホで気になるものを撮影してPCへ送ろう

「写真」をタップして撮影

① Evernoteのカメラで撮影する場合はメニュー画面で「写真」をタップして起動するカメラで撮影しよう。

タイトル名をタップして編集することが可能

気になるもの

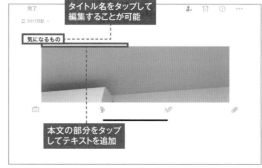

本文の部分をタップしてテキストを追加

② 撮影後にノートを開くと、自動的に撮影した写真が添付されたノートが作成されている。タイトルは付けられていないので、「題名」をタップしてタイトルを入力しよう。

②録音が終了すると音声ファイルが添付される

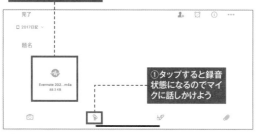

①タップすると録音状態になるのでマイクに話しかけよう

③ ボイスレコーダーを使って音声メモを作成する場合はメニューの「音声」かボイスレコーダーアイコンをタップして録音しよう。

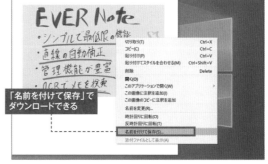

「名前を付けて保存」でダウンロードできる

④ PC版Evernoteを起動すると、作成した写真やボイスメッセージ付きのノートが同期される。ノートに添付されたファイルは右クリックメニューの「名前を付けて保存」からダウンロードできる。

パスワードやカード番号は隠せば安全

漏れると大変になる大切な個人情報を含んだ
メモは必ず暗号化する

Evernoteにログイン情報や暗証番号など個人情報を記録している場合はセキュリティ面に注意したい。万が一の流出に備えて重要な箇所は暗号化しておこう。Evernoteのノートでは、指定した箇所を伏字状態にすることができる。

APP
Evernote

暗号化したい文字列を選択状態にする

「選択したテキストを暗号化」をクリック

暗号化した文字列を解除するためのパスフレーズを設定する

暗号化を解除する場合は暗号化部分をクリック

設定しておいたパスフレーズを入力して「OK」をクリック

① PC版Evernoteを起動してノートを開く。暗号化する部分を選択して右クリックメニューから「選択したテキストを暗号化」を選択。

② 初めて暗号化する場合はノートの暗号化設定画面が現れる。暗号化を解除する際のパスフレーズを設定しよう。

③ 暗号化した文字列を解除するには、クリックすると現れるノートの暗号化解除画面で、設定したパスフレーズを入力すればよい。

関連性のあるノートは「ノートリンク」機能で繋ごう

企画書の目次作りに便利
ワンクリックで他のノートに移動する方法

Evernoteに投稿したノートの中で、関連のあるノート同士をつなげて整理したいときは「ノートリンク」機能を使おう。ノートにEvernote独自のURLが生成され、ワンクリックでそのノートに移動できるようになる。目次を作るときに便利だ。

APP
Evernote

ノートを選択状態にする

「アプリ内リンクをコピー」を選択

ノートを開いて右クリックメニューから「貼り付け」を選択する

テキストを選択して右クリックし、「リンク」→「追加」を選択してURLを追加する

① ノート一覧から、リンクを貼りたいノートを選択して右クリック。「アプリ内リンクをコピー」を実行すると、クリップボードにノートリンク（evernote:/// 〜）がコピーされる。

② リンクを貼りたいノートを開き、リンクを設定する場所でペーストすると、リンクが作成される。作成されたリンクをクリックすると、リンク先のノートへ移動する。

③ テキストにリンクを貼ることもできる。テキストを選択して右クリックし「リンク」から「追加」を選択、表示されるフォームにURLをペーストしよう。

ノートのタイトルは内容の要約をつけよう

ノートタイトルは具体的に書こう
あとで探すときに便利になる

Evernoteのノートタイトルはあとで検索するときにかなり重要な要素となる。具体的なキーワードを使ってノート内容を要約するものを付けておくと、後で探すのが楽になる。また、関連のある画像を貼り付けておくとビジュアル的に目的のノートが探せるようになる。

APP
Evernote

ノート先頭の文字列がそのままノートタイトルになってしまうので、後で変更する

ノートタイトルを具体的な内容に書き換える

関連画像を添付するとサムネイル形式で目的のノートを探しやすくなる

① 標準設定では、ノートの先頭部分が自動的にノートタイトルになるので、この部分を後で内容に合わせて書き換える必要がある。

② 内容を書き終わったら、内容にあわせて分かりやすいノートタイトルに変更しよう。

③ ほかにノートリストを見たときに一目で分かるようにする方法として、関連画像を添付しておくと分かりやすくなる。

006

▶ 大切なアポを忘れないようにしたい
こんな
用途に
最適！
▶ 常に目に留めておきたいノートを管理
▶ 指定した時間にノート内容を通知したい

仕事の予定やToDoをクラウドでいつでも管理

ミーティングやアポなど忘れると
まずい予定はリマインダーで通知する

APP
Evernote

Evernoteはタスク管理アプリとしても使える。忘れてはいけない会議やアポイントメントをメモしたノートは、リマインダー機能を有効にしておこう。通常のノートより目立つように表示したり、指定した時刻に通知してくれるようになる。

リマインダーを有効にすれば
アプリ上部に常時表示

　期日が気になるノートや、忘れず日頃から目に留めておきたいノートはリマインダー機能を有効にしておくのが鉄則だ。リマインダーを付けたノートは、中央のノートリスト上部にある「リマインダー」タブに追加される。並んでいるノートは並べ替えや編集を自由に行うことが可能。タスクが済み、実行済みにすればリマインダーリストから消去できる。

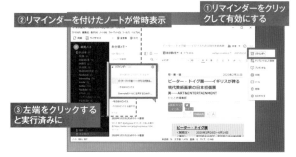

①リマインダーをクリックして有効にする
②リマインダーを付けたノートが常時表示
③左端をクリックすると実行済みに

リマインダー設定を有効にするには右端のプルダウンメニューから「リマインダー」を選択。すると中央のノートリスト上部にある「リマインダー」タブにノートが追加され、目が届きやすくなる。

リマインダーに期日を設定して通知させる

デスクトップやスマホの
ロック画面で通知させる

　リマインダーを有効にすると、指定した時刻にデスクトップ上でポップアップしてノート内容を通知させることができる。大事なミーティングや締切日が記載されたノートは通知設定をしておこう。またスマホにEvernoteアプリをインストールしておけば、リマインダーで設定した時間にロック画面で通知してくれる。さらに指定したメールアドレスに通知メールを送ることも可能だ。

「リマインダー」から「日付を変更」をクリック

1 期日設定をするには、プルダウンメニューから「リマインダー」を選択して「日付を変更」を選択して表示されるカレンダーから日付を指定する。

2 リマインダー設定したノートは、iPhoneではタイトル横に時計アイコンが表示されるので分かりやすい。

「リマインダーメールを受信する」にチェックを入れる

3 リマインダーをメール通知する場合、「ツール」メニューの「オプション」→「リマインダー」画面でメール通知を有効にしておこう。

忘れ物防止に便利なチェックボックス

ToDoリストや持ち物一覧をリストアップ
するときに便利なチェックリスト

今日すべき仕事や出張時の持ち物一覧などを管理するときに便利なのがチェックリスト機能。Evernoteでは入力する項目の横にチェックボックスを設置して、チェックを付けることができる。各タスクの進捗状況が管理しやすくなるだろう。

APP
Evernote

1 ノート作成画面でツールバーにあるチェックボックスをクリック。または配置したい場所で右クリックして「チェックリスト」→「チェックボックスを挿入」で作成できる。

2 右クリックメニューの「チェックリスト」→「すべてを選択」でまとめてチェックを付けることができる。逆にすべてのチェックを外すことも可能。

3 検索で「todo:*」と入力するとチェックボックスを含むノートを一覧表示してくれる。「todo:false」と入力するとチェックの入っていないノートのみを表示してくれる。

すっきりとデータを整理できる表組み機能

エクセルライクな表をEvernoteで作って
データを整理する

エクセルのような表データをEvernoteで管理したいときは表機能を利用しよう。行と列、表の幅を指定するだけで簡単にノート内に表を作成できる。作成後に行数や列数をカスタマイズしたり、表の中にさらに表を追加したりすることが可能だ。

APP
Evernote

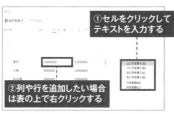

エクセルの表は貼り付けられない?

直接ドラッグ&ドロップするか、コピー&ペーストで表を貼り付けられる

Evernoteではエクセルの表をコピー&ペーストで貼り付けることはできないが、Googleスプレッドシートには対応している。

1 表を作成するにはノートのメニューバーで表をクリック。表の列と行数を指定しよう。「オプション」から幅の調整もできる。

2 表が作成されるので各セルに情報を入力していこう。表内のテキストを太字にしたり、足りなくなった行列の追加もできる。

リマインダーを別の目的に使う

豆テク

Evernoteのノートの並び順を
自由に変更するテクニック

Evernote中央に表示されるノートリストは順番を自由に入れ替えることができない。好きな順番に並び替えるにはリマインダー機能を活用しよう。リマインダー設定をしてリマインダーリストに表示されるノートであれば、ドラッグで自由に順番を入れ替えることが可能だ。

APP
Evernote

1 並び替えを自由にしたいノートにまずリマインダー設定を行おう。ノートを選択してツールメニューからリマインダーをクリック。

2 中央のリマインダーリストにノートが登録される。ここに登録されているノートを上下にドラッグしてみよう。

3 通常のノートリストと異なり、ノートの場所が移動できる。好きな順番にノートを並べたいときはリマインダーリストをうまく活用しよう。

010

こんな
用途に
最適!
▶ 紙情報を素早く記録したい
▶ 名刺を管理したい
▶ スキャナーを持っていないときに代用したい

手書きメモや名刺はスマホのカメラで取り込む

仕事の資料やクライアントの名刺は
カメラで撮影してペーパーレス保存しよう

APP
Evernote

毎日溜まっていく膨大な仕事の資料やクライアントの名刺を管理するのは面倒。紙の資料はすべてデジタル化してEvernoteに放り込んでしまおう。モバイル版Evernoteのカメラで撮影すれば、Evernoteに自動保存が可能。紙の内容に合わせてトリミングもしてくれる。

紙の内容に合わせて撮影できる便利なドキュメントカメラ

モバイル版Evernoteの撮影機能は豊富。自動的に書類の輪郭を検出して、周囲の余白を削除したり、紙のゆがみを補正して取り込むことができる。影ができても自動で明るさやコントラストを最適な形で調整することが可能だ。また撮影する紙の種類に応じて自動的に最適な形で情報を取り込むことができ、たとえば名刺を撮影すると、写真と一緒に名前や住所、電話番号など文字情報をインポートすることが可能だ。

一目でわかる Evernoteのカメラ機能

❶カメラの向きの切り替え
❷フラッシュのオン・オフ
❸端末に保存している写真をインポート
❹自動モードのオン・オフ

自動モードを有効にすると、写真、文書、カラー文書、ポスト・イット・ノート・名刺など紙の種類に応じて最適化した形で取り込むことができる。

❺撮影ボタン

レシートの保存や名刺の保存はEvernoteを使おう

自動モードを有効にする

① 右上の自動モードを有効状態にして、撮影対象にカメラを向けると、自動で紙の輪郭を検出して撮影してくれる。

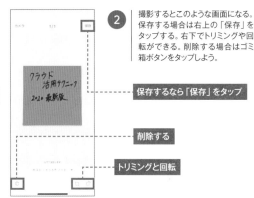

② 撮影するとこのような画面になる。保存する場合は右上の「保存」をタップする。右下でトリミングや回転ができる。削除する場合はゴミ箱ボタンをタップしよう。

保存するなら「保存」をタップ

削除する

トリミングと回転

③ 手順2の画面で中央にある「以下で保存します」から取り込み形式を変更できる。トリミングなしで保存するなら「写真」に変更しよう。

タップして文字を修正できる

④ 自動モードで名刺を撮影した場合は、このように紙面上の名前や住所などの文字情報も一緒に取り込むことが可能。間違っている箇所は修正もできる。

出張先などを事前にチェックして
Googleマップ情報を保存しておく

Googleマップで出張先や宿泊先の場所をチェックした際は、地図や住所情報を
Evernoteに保存しておくと便利。PCでGoogleマップで目的の場所を開いたら、メニューを開き「共有」ボタンをクリックする。表示される共有リンクのURLをEvernoteにコピーしよう。そのURLをタップすると目的の地図をすぐに開くことができる。

011

APP
Evernote

1 Googleマップで対象の地図情報を開いたら、メニューを開き、「共有」ボタンをクリックする。

2 共有画面が表示される。「リンクをコピー」をクリックすると地図情報のURLがクリップボードにコピーされる。

3 Evernoteを起動してコピーしたURLをペーストしよう。このリンクをクリックするとGoogleマップが開き目的の場所を表示してくれる。

簡単な案内図や指示図を素早く作成するなら
スマホ版アプリを使おう

簡単な地図や指示図などの手描きメモを作成したいときはスマホ版Evernoteのスケッチ機能を使おう。指やスタイラスペンで手書きの文字やイラストが書ける。自動で線の歪みを補正してきれいな図形が描けるオートシェイプ機能は便利。ほかにもペンの太さやカラーの自由変更など役立つツールが満載だ。

012

APP
Evernote

スケッチボタンをタップ

1 スマホ版Evernoteの新規ノート作成画面を開き、下部メニューからスケッチボタンをタップしよう。

左から鉛筆、ペン、消しゴム、カッター

長押しするとペンの太さやカラーを変更できる

2 上部ツールメニューからペンやカラーを選択して手書きしよう。四角や丸などの図形を描くとオートシェイプ機能が働き、自動できれいな図形に調整してくれる。

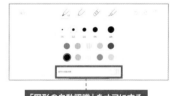

「図形の自動認識」をオフにする

3 オートシェイプ機能をオフにしたいときは、鉛筆ボタンをタップして表示されるメニューで「図形の自動認識」をオフにすればよい。

名刺画像と顔写真を1つのノートに貼り付ければ
人物検索が楽になる

スマホ版Evernoteで名刺を撮影すると、通常のノートと異なる形式のノートで保存され、名刺以外の画像を追加できない。顔写真も一緒に保存したい場合は、撮影保存時に「カラー文書」で保存すればよい。ただしこの場合は、名刺上のテキストのインポートや検索ができない。

013

APP
Evernote

画像を登録するメニューがない

1 名刺モードで撮影すると名刺以外の画像が追加できず、いつもと違うノート形式になってしまい不便な人もいるはず。

2 そこでカメラで名刺撮影した際に、撮影方法選択メニューから「カラー文書」に変更しよう。

3 カラー文書で撮影すれば、名刺をトリミングしつつ通常のノートのように複数の画像を添付できる。

014

こんな
用途に
最適！

▶ カテゴリ別にノートを分類する
▶ PCのフォルダ感覚で整理する
▶ タグを付けてノートを分類する

蓄積したノートを最大限に活用する整理術

ノートブックやスタックを使って
記録したノートを分かりやすく整理する

APP
Evernote

Evernoteにノートを追加していくと、そのままではさまざまなジャンルのカードが乱雑に並び、せっかくメモした内容も探しづらくなる。ノートが貯まってきたら一度整理しよう。Evernoteは整理機能も豊富に用意されている。

ノート整理のポイントは
「ノートブック」と「スタック」

　Evernoteでの情報整理の基本は「ノートブック」と「スタック」を使っての分類だ。ノートブックとはフォルダのようなもの。「日記」「写真」「ニュース」など好きなカテゴリ名を付けて溜まったノートを分類することで、目的のノートが探しやすくなる。スタックは複数のノートブックをまとめたもの。ノートブックの数が増え過ぎたときは「スタック」でまとめていこう。

ノートブックとスタックでノートを整理

スタック ─ ニューススタック
　　時事ノートブック
　ノートブック ── ノート ノート ノート
　　ITノートブック
　ノートブック ── ノート ノート ノート
　　エンタメノートブック
　ノートブック ── ノート ノート ノート

スタック ─ 仕事スタック
　　企画ノートブック
　ノートブック ── ノート ノート ノート
　　原稿ノートブック
　ノートブック ── ノート ノート ノート

ノートブックとスタックでノートを整理しよう

① ノートブックを作成するには左メニューの「ノートブック」横にある追加ボタンをクリックして、新規ノートブックを作成しよう。

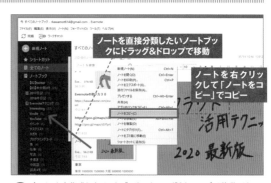

② ノートを作成したノートブックへドラッグ&ドロップで移動できる。CTRLキーやSHIFTキーで複数選択して移動もできる。

③ まとめたいノートブック同士をドラッグ&ドロップで重ねあわせる。すると新しいスタックが自動的に作成される。

タグを使ってノートを分類する

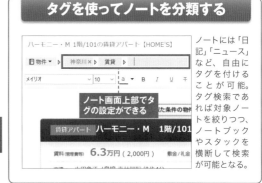

ノートには「日記」「ニュース」など、自由にタグを付けることが可能。タグ検索であれば対象ノートを絞りつつ、ノートブックやスタックを横断して検索が可能となる。

記録

● CHAPTER 1 : Record

015

ビジネスマナーや金言集など毎日のように開くノートはショートカットに登録する

ネタ帳やビジネスマナー集など、頻繁に開いて確認するノートはショートカットに登録しよう。登録したノートは常にアプリ右上のショートカットエリアに表示され、素早く開いて閲覧したり編集することが可能。事前にメニューの「表示」からツールバーを表示させておこう。

APP
Evernote

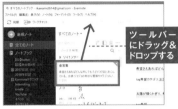

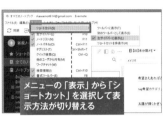

1 ショートカットに登録したいノートを右上のツールバーの部分にドラッグ&ドロップしよう。

2 ツールバーにノートが登録される。クリックするとすぐにノートを開くことが可能だ。同じように登録していこう。

3 ショートカットは左サイドバーに表示させることもできる。「表示」から「ショートカット」に進んで表示方法を切り替えよう。

016

膨大な数のノートから検索条件を絞って目的のノートを探し出す

ノートの数が増えすぎると分類だけでは目的のノートが探しづらくなる。検索機能を利用しよう。Evernoteの検索はノート内の文字列を対象に含む検索はもちろんのこと、さまざまな検索演算子を併用することで検索対象をかなり絞り込むことができる。

APP
Evernote

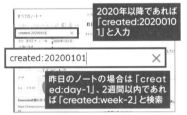

1 検索ボックスにキーワードを入力すると、キーワードを含むノートが一覧表示される。ノートを開くとキーワードの部分がハイライト表示される。

2 指定された日付以降に作成された文書の検索する場合、「created:」と「YYYYMMDD（年4桁、月2桁、日2桁）」形式で入力して検索しよう。

演算子	説明	例
intitle:	ノートタイトルを検索	「intitle: コーヒー」と入力すると、タイトルに「コーヒー」が含まれているノートを検索
notebook:	指定されたノートブック内のノートを検索	「notebook: 金融」と入力すると、「金融」ノートブック内のノートのみを対象に検索
todo:	チェックボックスを含むノートの検索	「todo:false」では、チェックされていないチェックボックスを含むノートが表示
resource: image/	画像付きノートのみを検索	JPEG のみ検索するときは「resource:image/jpeg」と検索
tag:	タグ名で検索	「tag: 出張」と入力すると「出張」タグを含むノートを検索

017

上級

ノートブック名の頭を数字にして好きな順番に並びかえる

Evernoteのノートブックは標準ではアルファベット順（あいうえお順）に固定表示されており、自分の好きな順に並び替えることができない。どうしても並び替えたいならノートブックの先頭を数字にして、その後に上から順番に並べたいノートブック名を入力しよう。

APP
Evernote

1 左サイドバーに表示されるノートブックは並べ替えができない。このノートブック名を変更して並べ替えてみよう。

2 ノートブックの名前の頭に数字を付けよう。若い番号順ほど上から表示されるようになる。

3 ドラッグでノートブックの順番を並び替えようとすると、自動的にスタックが作成されるので注意しよう。スタックは右クリックメニューから削除できる。

こんな用途に最適！
▶ 見栄えのよいノートを作成できる
▶ 決まった様式のノート入力が楽になる
▶ 業務日報やタスク管理に便利

テンプレートを活用して見栄えのよいノートを書こう

タスクや日記など目的別にテンプレートを探して利用すると楽になる

APP
Evernote

タスクや業務日報など毎日決まった形式で投稿するノートがあるならテンプレートを利用しよう。あらかじめ用意された入力フォームに必要事項を入力していくだけなのでスムーズにノート作成が行える。Evernoteには標準で多彩なテンプレートが用意されている。

Evernote用のテンプレートがダウンロードできる

Evernote用のテンプレートを自分で作成するのもよいが、デザイン的なセンスやPC知識が必要になり面倒だ。そんなときはテンプレートを利用しよう。あらかじめ用意されているテンプレートから好きなものをダウンロードするだけですぐに利用できる。タスク管理用、日記用、議事録用など50種類以上のテンプレートがある。同じ形式のノートを何度でも作成でき作業効率がアップするだろう。

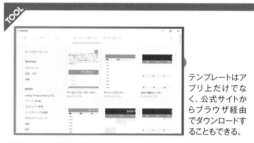

テンプレートはアプリ上だけでなく、公式サイトからブラウザ経由でダウンロードすることもできる。

Evernoteテンプレート
URL ● https://evernote.com/templates

Evernoteテンプレートをダウンロードする

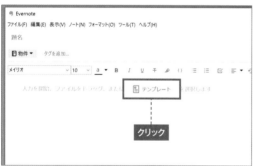

① 新規ノートを作成したら、ノート上部の「テンプレート」をクリック。テンプレートのダウンロード画面に移動するので、好きなテンプレートを選択しよう。

② テンプレートがノートに貼り付けられる。あとはテンプレート上に直接テキストを入力していこう。

③ テンプレートで作成された表は、セルを追加したり削除したり、結合できる。セル右端にカーソルをあわせると表示されるメニューボタンをクリックしよう。

④ テンプレートを保存して、使い回したい場合は、右上の「…」をクリックして「テンプレートとして保存」をクリック。テンプレートサイトの「カスタムテンプレート」に保存される。

案内地図に注釈を入れたり写真に校正指示をして
Evernoteにアップロード

019

APP Evernote

プレミアムユーザーであれば、Evernoteに添付した画像やPDFに注釈を入れることができる。重要な点を強調したり、テキストを入力することが可能だ。注釈を入れたいファイルを右クリックして「描き込む」もしくは「注釈を追加」などのメニューを選択しよう。なお、注釈を入れた画像を別々にして保存できるので、オリジナルに上書きしてしまう必要はない。

① ノートに添付している画像を右クリックする。オリジナルに注釈を付ける場合は「この画像に注釈を追加」を選択、オリジナルを残す場合は「コピーに注釈を追加」を選択する。

② 注釈ツールが起動する。左から注釈ツールを選択して画像に注釈を付けよう。左上の「File」から「Save and Exit」をクリックして保存しよう。

③ 画像だけでなくノートに添付しているPDFに対しても注釈を付けることができる。PDF上で右クリックして「PDFに注釈を追加」または「PDFのコピーに注釈を追加」を選択しよう。

Evernoteは録音機能も高機能!
議事録や会議を録音しよう

020

APP Evernote

Evernoteには音声録音機能が搭載されているが、インタビューや議事録といった長時間の音声録音にも向いている。10分間で約1MB程度の音声ファイルが作成され、ほかの録音アプリよりもサイズが小さいのがメリット。ファイル形式はiPhoneの場合、m4aファイルで出力される。

① 音声録音を行うには、下部メニューのマイクボタンをタップしよう。

② 録音が始まる。ノート上部に録音時間や波形が表示される。録音を終了する場合は「完了」をタップしよう。

③ ノートに音声ファイルが添付される。長押しして「コピー」でクリップボードにコピーしてほかのアプリに保存することができる。

犯しやすいミスはノートに内容を記録して
毎日確認することで減らせる

021

APP Evernote

同じミスを繰り返さないようにするのにEvernoteは役立つ。何かミスをしたときはすぐにミス内容をノートに記録して、タグやショートカットに登録しておこう。毎日Evernoteを起動し、ショートカットで確認することで、自然と犯しやすいミスを防ぐことができるはずだ。

① ノートに仕事のミス内容を記録しよう。このときミス専用のタグを付けておくとあとで探しやすくなる。

② 左サイドバーにある「タグ」をクリックして、ノートに付けたタグ名をクリックすると素早くミスの内容のノートを見つけることができる。

③ ショートカットに登録しておけば、ツールバーから常に素早くノートを表示させることが可能だ。

022

手書きノートを作成・管理するならこのiOSアプリ

iPadユーザーなら手書きメモアプリと
Evernoteを連携させたい

APP
Evernote

「Penultimate」はiPad用の手描きメモアプリ。iPadの大画面にスムーズな線で手描きすることが可能。保存後は自動的にEvernoteにアップロードしてくれる。授業中や会議中にメモをとったり、思いついたことを素早く記録しよう。

Evernoteのアカウント情報を入力する

1 まずPenultimateにサインインする必要がある。トップ画面左上のアイコンをタップして画面を移動し、サインイン作業を行おう。

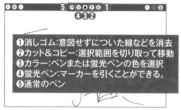

❶消しゴム:意図せずについた線などを消去
❷カット&コピー:選択範囲を切り取って移動
❸カラー:ペンまたは蛍光ペンの色を選択
❹蛍光ペン:マーカーを引くことができる。
❺通常のペン

2 画面に指かスタイラスペンで直接描こう。上部にあるツールメニューからペンの太さやカラーを変更できる。

TOOL Evernoteとの連携性が高いメモアプリ

iOS版Evernoteの手書き機能よりもう少し高機能なものが欲しい人におすすめ。

APP Penultimate
作者 ● Evernote
料金 ● 無料
種別 ● iPadアプリ

023

手書きアプリをEvernoteに保存する

iPadの手書きアプリで作成したノートを
Evernoteに保存する

APP
Evernote

iPadやiPhoneの手書きアプリで作成したコンテンツの多くは、Evernoteにエクスポートすることができる。各アプリの共有メニューを開いて「Evernote」をタップしよう。保存設定画面が表示され、添付ファイルとしてEvernoteに保存する形となる。また、保存先のノートブックを指定したり、タグを設定することもできる。

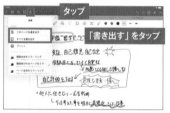

タップ
「書き出す」をタップ

1 人気ノートアプリGoodNotes内のページをEvernoteと共有する場合は、エクスポートボタンをタップして「書き出す」をタップする。

タップ

2 インポート先画面が表示されるので、「Evernote」を選択しよう。

ノートブックを指定
タグを指定する
タップ

3 保存するノートブックを指定し、タグを設定したら右上の「保存」をタップしよう。

024

豆テク

ノートタイトルに自分で選んだ記号を付ける

重要なノートのノートタイトルは
カラフルな絵文字を付けよう

APP
Evernote

ノートタイトルはテキストだけでなく絵文字を使うことも可能。タイトルの頭にカラー絵文字を付けておくと、目的のノートが探しやすくなる。特に重要なノートに付けるのがおすすめ。絵文字入力時はバツマークが出るが、入力後のノートリストにはきちんと表示されるので問題ない。

1 Google日本語入力を使っている場合、「絵文字」で入力するとさまざまな絵文字が表示されるので、好きなものを追加しよう。

2 Macで作成した絵文字をWindowsで表示したところ。バツマークは出ずに問題なく表示されている。

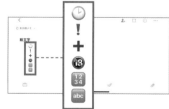

3 iPhoneで確認してみよう。iPhoneのほうが絵文字のカラーがきちんと表示される。なおウェブブラウザ経由でEvernoteにアクセスしてもきちんと表示される。

アウトライン作りに最適！高度なチェックボックスを作成してEvernoteで管理

Evernoteで階層をつけたアウトラインを作成したい場合は、インデント機能を利用しよう。字下げしたい箇所にカーソルを合わせ上部メニューからインデントボタンをクリックすれば1文字字下げしてくれる。逆に1文字上げることも可能だ。企画書作りや論文などを書く前にアウトライン作りは役立つだろう。

025

APP
Evernote

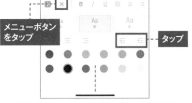

1 字下げしたい項目の頭にカーソルをあわせ、「インデントを増やす」ボタンをクリック。一字下がる。

2 階層を一段下げてチェックボックスを追加するには、下部ツールメニューから階層を下げるボタンをタップしよう。項目の入れ替えはドラッグ&ドロップで行える。

3 スマホ版でインデント機能を利用するには、メニューから隠れている部分を表示させ、インデントボタンをタップしよう。

オートフォーマットを活用！素早くリストや番号付きリストを作成

Evernoteには特定の文字入力を効率的に行える「オートフォーマット」という機能がある。この機能を使うことで、チェックリストや番号付きリスト、表、水平線などをキーボード入力で簡単に作成することが可能で、毎回メニューボタンに触れる必要はなくなる。また、一般的な絵文字も特殊なキー入力で入力できる。

026 上級

APP
Evernote

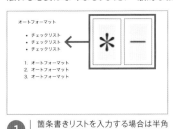

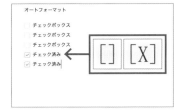

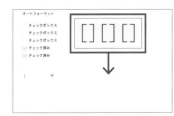

1 箇条書きリストを入力する場合は半角英数で*または-を文頭に入力してエンターキーを押す。番号付きリストは1.または1)で入力を始めよう。

2 Todoリスト（チェックボックス）を入力するには、[]で入力しよう。なお、[x]と入力するとチェック済みのチェックボックスが作成される。

3 チェックボックス作成に利用する[]を3回連続入力すると表を作成することができる。

ショートカットバーはさまざまな表示の仕方がある

ショートカットは標準ではサイドバーに設置されており、設置場所を変更することもできる。標準ツールバーの右側に設置できるほか、ショートカット専用のツールバーを追加することもできる。自分の使いやすいようにカスタマイズしよう。なお、ショートカットを使わない場合は非表示にすることもできる。

027

APP
Evernote

1 ショートカットの位置をカスタマイズするには、メニューの「表示」から「ショートカット」を選択して、表示したい場所にチェックを入れよう。

2 「別のツールバーとして表示」を選択すると、ツールバーの下にショートカット専用のツールバーが追加される。たくさんショートカットを登録したい人におすすめだ。

3 ショートカットを非表示にすることもできる。「ショートカットを非表示」にチェックを付けよう。

CHAPTER 1: Record

028

こんな用途に最適!	▶ あらゆる環境で最新の予定をチェックする
	▶ ダブルブッキングなどのトラブルを防ぐ
	▶ 仕事用やプライベート用などの分類ができる

用途ごとにカレンダーの使い分けも可能

スケジュールは
クラウドで一括管理する

APP
Googleカレンダー

Googleカレンダーは無料で利用できるカレンダーサービス。入力した予定はクラウド上に保存されるので、異なる環境からでも常に最新の予定を確認することができる。会社で、自宅で、モバイルでと環境を変えて仕事をしたいならば、必須のスケジューラーだ。

Googleカレンダーを使えば
スケジュールミスは無くなる!

Googleカレンダーならば、全ての予定を一元管理可能。どの端末からチェックしても最新の予定が表示されるため、ダブルブッキングなどのトラブルを未然に防ぐことができる。また、複数のカレンダーを追加して表示・非表示を切り替えられるのもポイント。ビジネス用スマホとプライベート用スマホで、同期するカレンダーを変更するといった使い方も便利だ。

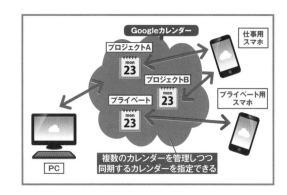

複数のカレンダーを管理しつつ
同期するカレンダーを指定できる

予定をGoogleカレンダーで管理して効率アップ

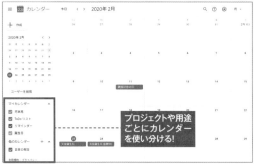

プロジェクトや用途ごとにカレンダーを使い分ける!

1 業務内容やプライベートといったように、カレンダーを複数管理するのも簡単。同期するカレンダーを選択することも可能だ。

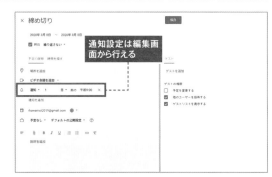

通知設定は編集画面から行える

2 スケジュール入力時に通知を設定しておけば、時刻になると画面への通知でお知らせしてくれる。

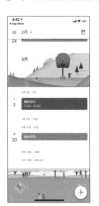

3 スマホアプリもリリースされており、双方向で常に最新のカレンダーを管理可能。表示するカレンダーを選択することもできる。

TOOL
Googleカレンダー公式アプリ

Google公式のカレンダーアプリ。iPhoneとAndroidでリリースされている。

iPhone APP Googleカレンダー
作者 ● Google, Inc.
価格 ● 無料
カテゴリ ● 仕事効率化

Android APP Googleカレンダー
作者 ● Google, Inc.
価格 ● 無料
カテゴリ ● 仕事効率化

地図を保存して検索時間も効率化を!

得意先やよく訪問する場所は
マイプレイスに保存する

Googleマップにはスポットを保存するマイプレイスという機能がある。頻繁に訪れる訪問先がある場合は、そちらをマイプレイスに保存しておこう。以降は素早くその場所を呼び出すことができる。またスマホを使えば外出先でも素早くチェックできるので便利だ。

029

APP
Googleマップ

②「保存」をクリック

①保存したい地点をクリック

メニューの「マイプレイス」から「保存済み」を選択する

メニューの「保存済み」内に保存されている

1 Googleマップで保存したい場所をクリックして、左から現れるメニューで「保存」をクリックする。

2 保存した場所にアクセスするには、Googleマップのメニューを開き「マイプレイス」を開く。「保存済み」から保存した場所を選択しよう。

3 マイプレイスに保存した場所は、スマホ版Googleマップと共有できる。ただし同じGoogleアカウントでログインしておくこと。

移動時間の短縮化に繋げよう!

日々の行動履歴をトラッキングして
記録する

Googleマップには「ロケーション履歴」を自動保存する機能がある。これを使えば、その日は何処に行ったのか? をマップ上で確認できる。じっくりと移動ルートを確認すれば、より最適なルートが見つかったりと、移動の効率化につながる。

030

APP
Googleマップ

1 スマホ版Googleマップを起動し、右上のアカウントアイコンをタップ。「Googleアカウントにアクセス」をタップする。

2 「データとカスタマイズ」から「アクティビティ管理」内にある「ロケーション履歴」を有効にしよう。これで自動的にルートを記録してくれる。

3 Googleマップのメニューにある「タイムライン」をクリックし、表示される日付を選択するとその日の自分の行動が視覚的にわかる。

移動の記録をとるためにスマホで写真を撮っておく

豆テク

位置情報や日付を付けて
Evernoteに記録する

営業先や旅行先の訪問記録は、テキストよりもEvernoteで現地を撮影するのがおすすめ。iPhoneの位置情報サービスを有効にすれば位置情報や撮影日時を付けてノートに記録できるので、あとで行動の記録を見直しやすい。メモも取れるので業務日報としても利用できる。

031

APP
Evernote

Evernoteの位置情報を有効にする

「i」をタップ

3 位置情報の地図が表示され、撮影日時も記録される。タグで「写真」や「訪問先」など入れておくとあとで整理が楽になるだろう。

1 iPhoneの「設定」から「プライバシー」→「位置情報サービス」を開き、「Evernote」の位置情報を有効にしておこう。

2 スマホ版Evernoteでノートを作成すると自動的に、その場所の位置情報が添付される。住所を確認するには右上の「i」をタップする。

CHAPTER 1 : Record

27

032

こんな
用途に
最適！

▶ **Wordと同等の機能が無料で使える**
▶ **ブラウザ経由でどこからでも利用できる**
▶ **Office形式で保存してダウンロードできる**

クラウドで使えるOffice互換アプリの大本命！

外出先で急いで
ビジネス文書を作成する

APP
Googleドキュメント

外出先のパソコンでとっさにWordを使って企画書や文書を作成したいことがある。そんなときに便利なのがGoogleが提供しているクラウドサービス。Googleのアカウントさえあれば無料でブラウザ上でOfficeアプリ同等の機能が使える。

Office互換アプリで
ドキュメントの作成と保存

Googleのクラウドサービスはさまざまあるが、Wordのようなワープロアプリを利用したいなら「Googleドキュメント」を使おう。インターネットとパソコンが使える環境があれば、ブラウザ上から文書の作成、編集、共同作業が無料でできる。インターフェースはWordとよく似つつ、シンプルなため使い方に迷うことはない。作成した文書はGoogle独自のファイル形式だけでなく、Word形式やPDF形式で保存することが可能だ。

Googleドキュメントのトップページにブラウザでアクセスすると「パーソナル」と「ビジネス」が用意されている。「パーソナル」をクリックしよう。

Googleドキュメントを使いこなそう

1 空白の新規書類を作成する場合は、「空白」をクリックしよう。テンプレートも用意されており、テンプレートを使って書類を作成することもできる。

2 ドキュメントならWordライクなエディタ。スプレッドシートならExcelと同様の表計算が利用できる。

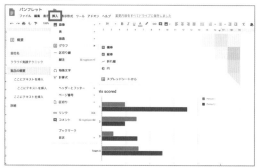

3 メニューの「挿入」から画像、表、描画、グラフなどの挿入が行える。グラフは横棒、縦棒、折れ線、円が利用できる。

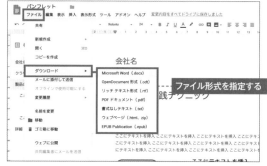

4 作成したドキュメントをWord形式やPDF形式でダウンロードしたい場合は、メニューの「ファイル」から「ダウンロード」でファイル形式を指定しよう。

記録

CHAPTER 1 : Record

28

こんな
用途に
最適！
▶ Dropbox上のオフィスファイルを編集できる
▶ 外出先からでもネット経由で編集できる
▶ Microsoft Officeをインストールする必要がない

編 集 機 能 の な い D r o p b o x で ビ ジ ネ ス 文 書 を 編 集 す る

Dropboxに同期したドキュメントを ブラウザ上で編集する

Dropboxはビジネスユースとして人気が高く、仕事で使う文書をクラウドに保存しているという人も多い。DropboxではOfficeドキュメントの閲覧はできても、編集ができないという欠点があるが、Microsoft Office Onlineの連携機能によりブラウザ上で直接編集も行なえるようになった。

APP
Dropbox

Microsoft Office Onlineで Dropboxファイルを編集

Dropboxではストレージ内のOfficeドキュメントの閲覧は可能でも、編集する機能は持っていない。そのため、外出先でファイルの修正が求められた場合など、急なトラブルに対応できないという欠点があった。しかし、現在はMicrosoft Officeとの連携が強化。Office Onlineを使って素早く編集が行える。編集したファイルはDropbox上のファイルとして上書き保存できる。

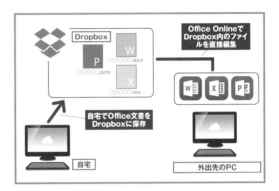

Microsoft Office OnlineでDropboxのファイルを編集する

1 ブラウザでDropboxにログインして、編集したいオフィスファイルを開き、右上の「開く」横のプルダウンメニューから「Microsoft～Online」を選択する。

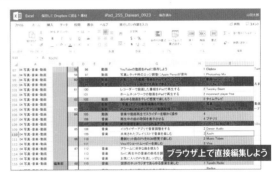

2 Microsoft Office Onlineのページが起動して、ブラウザ上でオフィスファイルの編集が直接行える。

3 現在はOffice Onlineだけでなくさまざまなアプリを利用できる。Googleスプレッドシートで開きたい場合は「Google Sheet」を選択しよう。

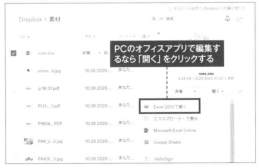

4 なお「開く」をクリックすると、PCにインストールされているオフィスアプリで編集したファイルを開いて編集することができる。

こんな
用途に
最適！

▶ 写真専用のストレージを作成できる
▶ ストレージサービスを使い分けて容量を節約できる
▶ アルバム単位で写真の管理ができる

オンラインにあればさまざまな環境で活用できる

写真はGoogleフォトに保存すると
活用の幅が広がる

APP
Googleフォト

Googleフォトは、1600万画素の写真と1080pの動画に圧縮指定すれば容量無制限で写真をアップロードできるサービス。このサイズはほぼスマホカメラで撮影したイメージのため、撮りためた写真の保存先に悩んでいるなら迷わずGoogleフォトを使うのがおすすめだ。

Googleフォトで利用できる
無料のフォトストレージ

パソコンに取り込んである写真や、スマホのカメラの写真の保管場所に悩んでいるならば、「Goolgeフォト」を活用するのがいい。クラウド上に保存されていれば、環境を問わず必要な時にいつでも取り出せるため、写真の使い勝手の幅が大きく広がる。また、設定次第で容量無制限で利用でき、アルバム単位での管理や、特定のユーザーに共有することも可能だ。

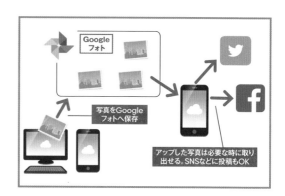

Goolgeフォトに保存して好きなタイミングで取り出す

モバイル端末との
高い連携力を発揮！

Googleフォトのフォトストレージ機能の優秀な所は、モバイル端末との連携性。ストレージ内の写真を自由に取り出せるだけでなく、簡易的なレタッチを行なったりも可能。また、カメラロールの写真を自動アップロードするといったバックアップ用途にも活用できる。なお、アップロード時のリサイズも設定でき、「高画質」設定であれば、Googleのストレージ容量は消費されないという特徴もある。

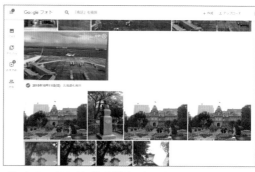

1 Googleフォトにブラウザからアクセスしたところ。ドラッグ&ドロップで写真をアップロードすることができる。

2 写真はスマホアプリからもチェックでき、スマホにダウンロードできる。アルバムに分類するのも簡単に行える。

キーワードで大量の画像の中から該当写真を検索してくれる機能がとても便利だ。写真は「ワイン」と入れてみた例。

TOOL
入れておいて損のない写真活用アプリ！

スマホ版のGoogleフォトアプリは、スマホのカメラで撮った写真が自動的にアップでき、とても便利。インターフェースも使いやすい。

iPhone APP Googleフォト
作者●Google, Inc.
価格●無料
カテゴリ●写真／ビデオ

Android APP Googleフォト
作者●Google, Inc.
価格●無料
カテゴリ●写真

記録

FlashAirを使えばデジカメ写真の使い方も広がる!

035

デジカメで撮影した写真を
サクッとスマホに転送する

デジカメの写真を撮ってすぐスマホで利用したいのであれば、「FlashAir」というSDカードを購入しよう。スマホにアプリを導入することで、デジカメ内の写真をすぐにスマホに転送可能。その場にいる多数の人に写真を共有してもらうことも可能だ。

APP
FlashAir

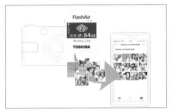

FlashaAirを挿入したデジカメを写真再生状態にして、スマホ側のWi-FiをFlashAirに接続するとデジカメの写真を転送できる状態になる。

デジカメに撮った新しい写真を全部自動的にダウンロードするか、好みのものだけ選択してダウンロードするかなども設定可能だ。

TOOL デジカメの写真をスマホに転送!

無線LAN機能を搭載したSDカード「FlashAir」とこのアプリを利用すればデジカメの高精細画像もすぐに利用、共有できる。

 APP FlashAir
作者●KIOXIA Corporation
料金●無料
種別●iOS/Androidアプリ

クラウドと連携できる文具で効率アップ!

036

アナログ派のための
クラウド連携文具

メモ機能を主体とするEvernoteには、実際の文房具と連携したような製品も多い。これらを使えば、入力は慣れ親しんだ手書きで行ない、ノートやメモの管理は管理能力と保存に優れたクラウドで行なうといった、いいとこ取りな活用も可能だ。

APP
Evernote

CamiApp 方眼罫 A5 50枚

Evernoteと連携できるコクヨ製の手書きノート。書いたものを専用アプリで撮影することで、素早くEvernoteにアップロードすることができる。1冊500~600円ほど。

クリアファイル ショットドックス A4タイプ

※写真は134SDです。

撮影時に光りにくいキングジム製の低反射仕様クリアファイル。サイズ違いのものやリングファイル型、名刺ホルダーなどもある。1冊1,300円ほど。

スマレコスタンプ エバーノートタイプ

こちらのスタンプを押した書類をEvernoteで読み込むと、自動的に分類してくれる。特定の書類だけを分類したい場合に活躍する。実売価格で1,000円程度。

Google性のメモアプリを使いこなそう

037

Googleサービスと連携性の高い
Google製メモアプリ

「Google Keep」はGoogleが提供しているクラウドベースのメモアプリ。Evernoteとよく似ているが、最大のメリットはGoogleサービスと連携し、GoogleドライブやGmail、Googleカレンダーのアドオンバーからメモした内容を呼び出せること。メモした内容を素早くほかのサービスに活用できる。

APP
Google Keep

PCからGoogle Keepを利用するには、Googleのアカウントにログインして、メニューからGoogle Keepをたどろう。スマホアプリは各ストアからダウンロードしよう。

メモを入力する

クリック

Google Keepにアクセスしたら中央にある入力ボックスをクリックしてメモを入力しよう。「…」からチェックボックスやラベルを追加できる。

クリックしてカラーを選択する

作成したメモの色を変更して見やすくするには、パネルボタンをクリックしてカラーを選択しよう。

CHAPTER 1 : Record

Webサイトからレシートまで、クラウドにあらゆる情報を

収集 する

今はあまり重要ではない情報も
クラウドに収集することで役に立つ

　クラウドの活用方法として重要視されているものの一つが、日々集まってくるあらゆる情報を集約・収集し、蓄積する活用法だ。電子メールやWebサイト、さらにはTwitterといったSNSサービスなどの、インターネットを通じて集まってくる情報はもちろん、ビジネス文書から雑誌の切り抜き、スーパーのチラシなどの紙に至るまで、少しでも有用だと思った情報は「とりあえず」クラウドへ登録しておくのが便利だ。クラウドの最大のメリットは、情報を一カ所にストックして収集し、後で検索して取り出すことができるという点。今はそれほど重要ではないと思う情報でも、後日その情報がとっても役立つ可能性はある。普通のノートやメモではバラバラに散らばってしまう情報も、クラウドで管理しておけば、いざというときにスムーズに活用することができるはずだ。

　ここからは、クラウド技術を使ったメールサービス「Gmail」をはじめ、クラウドを使った情報収集術を解説していこう。コツコツ集めた情報は、いつかきっと貴方の味方になる。

こんな
用途に
最適!
▶ 仕事も趣味もメールはGmailで一括管理
▶ ラベルをつければ整理も簡単
▶ 全てのメールをまとめて検索できる

038

いま使用しているメールはすべてクラウドに集約

バラバラに管理しているメールアドレスを Gmailへ集約させ一括管理する

複数のアドレスをバラバラに管理するのは、重要なメールを見逃したり、必要なメッセージが見つからないトラブルの原因。使っているメールを一ヶ所にまとめれば、メール処理の効率は一気に向上する。Gmailなら、いつでもどこでも同じ環境のメールが利用可能だ。

SITE
Gmail

メールをクラウド化することで 「あのメールどこ?」問題を解消

プロバイダメールや会社のメール、フリーメールなど、複数のメールアドレスを使い分ける場合、それぞれのメールをバラバラに管理していると、とっさに必要なメールを探せないなど非効率的だ。メールをクラウド上で管理するGmailには、外部メールを取り込む機能があり、これを活用することで複数のメールを集約させ、一ヶ所でまとめて管理できるようになる。

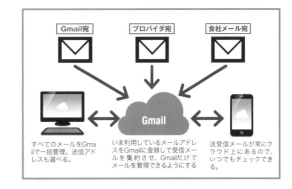

すべてのメールをGmailで一括管理。送信アドレスも選べる。

いま利用しているメールアドレスをGmailに登録して受信メールを集約させ、Gmailだけでメールを管理できるようにする

送受信メールが常にクラウド上にあるので、いつでもチェックできる。

Gmailに使用している他のメールを登録して受信できるようにする

受信したメールには、必ず独自の ラベルを付けて整理しやすくしよう

メールアドレスを追加して受信するには、Gmailの設定を開き、「アカウントとインポート」の項目にある「他のアカウントのメールを確認」から登録する。ラベルの設定を忘れずに行うことと、他のメールソフトでもメールを受信したい時は、サーバにメールを残す設定にしておくのが大切だ。また、追加したアドレスをデフォルトに設定すれば、このアドレスからメール送信できる。

① Gmail設定の「アカウントとインポート」>「他のアカウントのメールを確認」>「メールアカウントを追加」をクリック。

② Gmailで受信したいメールアドレスを入力し、次のステップでメール受信設定を入力。ラベルとメールを残す設定は注意しよう。

③ これで、プロバイダ宛のメールがGmailで受信される。ラベルを設定しておけば、プロバイダ宛メールだけを表示できて便利だ。

039

こんな
用途に
最適！
▶ 秘密のメールはGmailにこっそり処理させよう
▶ 鬱陶しい不急メールの通知を止めよう
▶ 転送や削除などメールを自動処理

受信したメールの分類はクラウドに任せてしまおう

フィルタを駆使してメールを自動的に分類し
重要なメールだけを優先的に受信する

SITE
Gmail

大量のメールを受信していると、メールの整理だけで時間を消費してしまう。重要度の低いメールは、Gmailのフィルタ機能で自動的に処理させてしまえば、受信トレイに重要なメールだけが入るようになり、スマートフォンで不要な通知にイライラすることもない。

メールの分類をGmailに任せれば、メール整理の手間が一気に省ける

Gmailのフィルタ機能は、指定した条件に沿って受信したメールを自動的に処理してくれる機能。ダイレクトメールやメールマガジンといった、すぐにチェックする必要のないメールは、フィルタ機能を利用してメインの受信トレイをスキップさせ、ラベルを付けて後でまとめてチェックできるようにしよう。受信トレイに入るメールを絞ることで、モバイル機器でのメール受信も効率化できる。

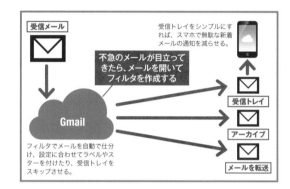

受信トレイをシンプルにすれば、スマホで無駄な新着メールの通知を減らせる。

不急のメールが目立ってきたら、メールを開いてフィルタを作成する

フィルタでメールを自動で仕分け、設定に合わせてラベルやスターを付けたり、受信トレイをスキップさせる。

重要でないメールをGmailで開き、フィルタを作成する

邪魔に感じたメールが受信トレイに届いたら、フィルタを作成しよう

Gmailフィルタの作成は、手動で条件を指定して作成することもできるが、自動振り分け処理したいメールを開いて指定する方法が簡単。受信トレイに同じような不要メールが届くようになったら、そのメールを開いてフィルタを作成してしまおう。作成したフィルタは、Gmail設定の「フィルタとブロック中のアドレス」から内容を編集したり、フィルタの削除、無効化などを設定できる。

1 フィルタ処理したいメールを開き、メニューの「…」をクリック。「メールの自動振り分け設定」を開く。

チェックを入れてフィルタを作成

2 条件を確認し、処理内容を設定。ラベル付けなどを指定。「一致する〜」にチェックを入れてフィルタを作成。

3 以降は、処理内容に従ってGmailが自動的にメールを整理してくれる。できるだけ受信トレイには重要なメールだけ入るようにしよう。

ラベルを使って、複数アカウントのメールを縦横無尽に整理する

「買い物」や「メルマガ」など、同じ種類のメールが別々のアドレスに届いた場合でも、Gmailにメールを集約させておけば「ラベル」を使って一括して整理できる。前ページで解説したフィルタと組み合わせれば、メールの整理がさらに便利になる。

040

SITE
Gmail

ラベルによるメール整理の例

Gmail設定を開き「ラベル」をクリック。「新しいラベルを作成」をクリック。ラベル名などを指定してラベルを作成する。

ラベルアイコンからメールにラベルを付けられる。ひとつのメールに複数のラベルを付けてメールを整理できる。

複数の「スター」を使ってメールの分類をもっと便利にする

Gmailのスター機能はワンクリックで重要なメールにマークを付けて分類できる機能だが、最初に使えるのは一種類だけ。設定でスターの種類を増やせばスターを使ったメール整理がもっと便利になる。検索でスターの種類別にメールを絞り込むのも簡単だ。

041 上級

SITE
Gmail

1 Gmailの設定を開き「全般」タブにあるスターの設定で、使用したいスターをドラッグ&ドロップで追加する。

ドラッグ&ドロップ

連続クリックでスターを指定

2 メールにスターをつける際連続してクリックすると、スターの種類が順番に切り替わり好みのスターを指定できる。

スターの種類で絞り込む

3 メールを検索する際「has:green-star」のように、スター名で絞り込める。スター名は設定画面で確認できる。

探しているメールを一発で探せる検索テクニック

すべてのメールをGmailに集約させるメリットの一つが、検索機能。Gmailの検索機能は強力で、キーワードに加えさまざまな条件を付けて、目的のメールを即座に探し出せる。また、メールの全選択機能を利用すれば、大量のメールを一括処理できる。

042 上級

SITE
Gmail

クリック

クリックして全てのメールを選択

メール一覧の左上にあるチェックボタンから「すべて」を選択した際に表示されるメッセージから、すべてのメールを選択できる。

覚えておくと便利なGmail検索オプション

OR
複数キーワードを指定し、いずれかのワードが含まれるメールを検索

in:anywhere
ゴミ箱、迷惑メールを含めすべてのメールを検索

larger:
smaller:
指定したサイズ以上（以下）のメールを検索

has:attachment
添付ファイル付きのメールを検索

older_than
newer_than
特定日時(以前／以降)に送受信されたメールを検索

has:nouserlabels
ユーザー作成のラベルが付いていないメールを検索

" "（引用符)
フレーズ検索を行う

043

こんな
用途に
最適！
▶ 環境を選ばないGoogle連絡先ならアドレス管理も楽々
▶ AndroidもiPhoneもどちらもOK
▶ アドレス帳の編集もパソコンで快適

同期できるデバイスが豊富なGoogle連絡先をメインに利用しよう

連絡先の管理もGoogle連絡先へ集約させれば
スマートフォンとの連携もスムーズに

APP
Google連絡先

連絡先を管理できるクラウドサービスは多数存在するが、汎用性を考慮するとやはりGoogle連絡先がベター。OSの種類を問わず他のパソコンやスマートフォンとスムーズに同期できるので、活用の幅も広い。メンテナンスもWeb版から簡単に行える。

分散しがちな連絡先はGmailで一元管理して円滑なコミュニケーションを

メールアドレスや電話番号といった連絡先の情報を手帳やメールソフトといったオフラインデバイスだけで管理していると、活用の幅も狭く情報も分散しやすい。Gmailと連携できるGoogle連絡先は、iPhoneやAndroidスマートフォンなどの幅広いデバイスと同期できるので、連絡先の一元管理に最適。メンテナンスの手間も軽減できる。

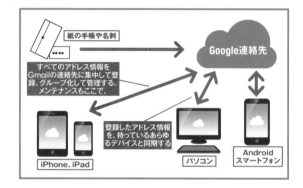

Google連絡先を効率的に編集してスマホと連携させる

1 Google連絡先は右上のGoogleメニューからアクセスしよう。左上の「連絡先の作成」をクリックして連絡先を編集しよう。

2 インポート機能を利用すると、表計算ソフトなどで編集したデータを取り込める（逆も可）。

3 受信したメールの送信者の名前にマウスカーソルをあて表示される画面で「連絡先に追加」。

iOS
設定の「連絡先」でアカウントを追加し、連絡先の同期をオンに

4 Androidスマホの場合は、「連絡先」アプリにアカウントを登録、iOSの場合はメールアカウントを登録して連絡先の同期をオンにする。

定型文としてはもちろん、署名の使い分けにも活用できる

挨拶文などのテンプレートを作成して
メールを効率化する

挨拶文や書類送付の連絡など、決まった内容のメールをよく送信することが多ければ、テンプレート（定型文）を作成しておくと便利だ。署名を使い分けたい時にも、この機能を応用できる。ビジネスでは利用すると便利な機能だ。

SITE
Gmail

1 メールの新規作成画面でテンプレートとして使いたい文章を入力したあと、右下の「…」から「テンプレート」→「下書きをテンプレートとして保存」を選択する。

2 「新しいテンプレートとして保存」を選択して、テンプレート名を入力しよう。「保存」をクリックする。テンプレートが保存される。

3 保存したテンプレートを利用するには、右下の「…」から「テンプレート」から作成したテンプレートの挿入を選択しよう。

さまざまな用途に活用できる、不在通知と定型文を使った自動返信

不在時だけでなく多彩な用途に利用できる
Gmail自動返信機能

Gmailには、受信したメールに自動的に返信してくれる機能が用意されている。たとえば長期出張や療養などですぐに返信できない場合だけでなく、条件を指定して自動応答メールを送信することも可能。さまざまな用途に活用できる機能だ。

SITE
Gmail

1 Gmail設定を開き「全般」>「不在通知」にある「不在通知をON」を有効にすれば、登録したメッセージを自動で送信する。

2 不在期間を設定しておけば、その期間だけ返信する。また、Gmail連絡先にあるアドレスからのメールのみへの返信も可。

また、定型文（テンプレート）とフィルタを使用して自動応答メールを送信できる。さまざまな条件で自動返信可能。

オペレータによる入力なので内容の正確さはNo.1

名刺を簡単かつ正確にデジタル化して
ビジネスを加速させる

名刺をデジタル化する手段はいくつかあるが「Eight」は正確さでいえば最高品質のクラウドサービス。スマホアプリでアカウントを取得し、名刺をカメラで撮影すれば、その名刺をオペレータが手動で入力してくれる。名刺データはPCからも利用可能だ。

APP
Eight
https://8card.net/

1 アプリの「＋」ボタンをタップして名刺を撮影・送信すると、数日で名刺の内容が登録される。OCRと比べ格段に正確。

2 アプリで登録された名刺データはアプリで他ユーザーと交換できる他、Webへアクセスして利用できる。

名刺を撮影・送信するアプリ

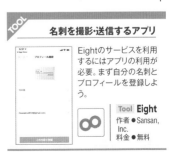

Eightのサービスを利用するにはアプリの利用が必要。まず自分の名刺とプロフィールを登録しよう。

Tool Eight
作者●Sansan, Inc.
料金●無料

047

数字を入力して簡単に
合計や平均を求める

SITE
Googleスプレッドシート

Googleスプレッドシートはエクセルと同じく関数を使った計算ができる。各セルに数字を入力して決められた関数を入力するだけで簡単に合計や平均を求めることができる。わざわざ電卓アプリを使う必要はない。合計値を計算するのに便利なSUM関数を解説しよう。

範囲選択する

「SUM」を選択する

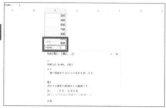

1 まずは指定した範囲のセルの合計値を計算するSUM関数を利用してみよう。合計を算出したい数値を入力したセルを選択する。

2 メニューの「挿入」から「関数」に進み、「SUM」を選択しよう。

3 指定した範囲の数値が合計された数値が表示される。なお、C1からC7の数値の合計を算出する場合は「=SUM（C1:C7）」というSUM関数の書き方を利用することもできる。

048

SUM関数を直接入力して計算する

SITE
Googleスプレッドシート

Googleスプレッドシートはセルに関数を直接入力して計算することもできる。連続したセルの合計を算出したい場合は「=SUM（C4:C8）」と入力する。離れた場所にあるセル内数値の合計を算出したい場合は「=SUM（C1,C3,C5）」というようにセルをカンマで区切ろう。

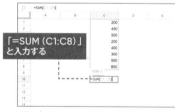

「=SUM（C1:C8）」
と入力する

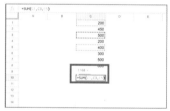

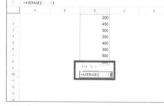

1 C1からC8の連続したセルの合計を入力したい場合は、合計値を入力したいセルをクリックして「=SUM（C1:C8）」と入力しよう。

2 C1、C3、C5など離れた場所にあるセルの合計を入力したい場合は、合計値を入力したいセルをクリックして、「=SUM（C1,C3,C5）というようにセルをカンマで区切ろう。

3 C1からC8の連続したセルに入力されている数値の平均値を算出したい場合は、「=AVERAGE（C1:C8）」と入力しよう。

049

連続する番号や日付を入力するには

SITE
Googleスプレッドシート

Googleスプレッドシートでは、エクセルと同じく番号や日付など連続した番号を簡単に入力することができる。1、2、3など連続した番号を入力したい場合は、連続したデータを複数入力したあとそれらを範囲選択してドラッグしよう。日付や曜日なども連続して入力することができる。

範囲選択する

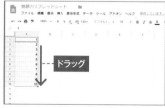

ドラッグ

1 連続するデータを入力する場合は、連続した2つ以上の数字を入力したあと範囲選択する。

2 そのまま連続して入力したい方向へドラッグすると番号が入力される。

3 数字だけでなく曜日や日付も連続して入力できる。日付の場合は「年/月/日」で入力しよう。

表の途中に新しい行、列を挿入するには?

行や列を追加したくなったときは、追加したい場所を選択してメニューの「挿入」から「○に1行」または「○に1列」を選択しよう。選択した方向に行や列を追加できる。複数の行や列を追加したい場合は、追加したい分の行や列だけ範囲選択して「挿入」メニューを開こう。

Googleスプレッドシート SITE

① 列や行を挿入したいセルを選択して、メニューの「挿入」から「○に1行」もしくは「○に1列」を選択しよう。

② 複数の行や列を挿入したい場合は、追加したい数のセルを範囲選択した状態で、メニューの「挿入」をクリックしよう。

③ 右クリックメニューから行や列を挿入することもできる。また、余計な行や列を削除することもできる。

セル内で文書を折り返して表示する

Excelでセル内の文字を折り返す場合は、右クリックメニューの設定で「文字を折り返す」を選べばよいが、Googleスプレッドシートの右クリックメニューには相当する項目がない。Googleスプレッドシートでは、ツールバーにある「テキストを折り返す」ボタンをクリックしよう。

Googleスプレッドシート SITE

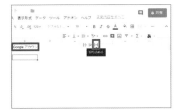

① 折返ししたいセルを選択したら、ツールバー右端の「…」をクリックして「テキスト折り返す」ボタンをクリック。真ん中の「折り返す」をクリックしよう。

② このようにセルの幅にあわせて、文字が自動折返しされる。

③ 「テキストを折り返す」画面で「切り詰める」を選択すると、セルの大きさはそのままで文字が次のセルの上に被らず下に隠れるようになる。

複数の条件でデータを並べ替える

Googleスプレッドシートでは、セルデータの並び替えが簡単に行える。並び替える列を範囲選択したあと、メニューの「データ」から「範囲を並び替え」を選択しよう。ほかに、売上順や人数順など、さまざまな並び替え条件を指定してデータを並び替えることもできる。

Googleスプレッドシート SITE

① 並べ替えを行いたいデータを範囲選択し、メニューの「データ」から「範囲を並べ替え」をクリックする。

② 「データにヘッダー行が含まれている」にチェックを入れると、「並べ替え条件」にヘッダー情報が表示される。条件を指定して「並べ替え」をクリックしよう。

③ 「売上」が高い順にデータを並べ替えたところ。ヘッダーの条件を変更すればほかにもいろいろ並べ替えることができる。

053

こんな
用途に
最適！
▶ いろいろな情報をサクッと保存して持ち歩こう
▶ 旅行前に飲食店や観光情報を保存
▶ Web辞書を保存して学習にも活用

資料になりそうなWebサイトはサクっとEvernoteにストックしよう

気になったWebサイトをワンタッチで Evernoteへ保存する

APP
Evernote

情報収集ツールとしてEvernoteを有効活用する第一歩としてぜひ導入したいのが、Webサイトを手軽に取り込めるWebクリッパー。少しでも有用と思えるページはガンガン取り込んで、資料としてストックしておくクセをつけておこう。

メインの情報源であるWebサイトを効率的にEvernoteに保存する

ビジネスや趣味のための情報源はやはりWebサイト。資料としてブックマークしておいても、ページが消滅して参照できなくなるケースもある。そこで、有用なWebサイトはEvernoteへ保存しておき、いつでも参照できるようにしよう。Evernoteからリリースされているウェブクリップツールを使用しているブラウザへインストールしておけば、ワンクリックでWebサイトを保存できる。

TOOL 各ブラウザに対応した機能拡張

Internet Explorerの場合は、Evernoteクライアントをインストールするときに同時にインストールされる。

Add-on Evernote Webクリッパー
作者●Evernote　種別●フリーソフト
URL●https://evernote.com/webclipper/

Evernote WebクリッパーでWebから情報を登録する

① クリップしたいWebページを開いたら、Webクリッパーのアイコンをクリック。まずはEvernoteのアカウントを入力してサインアップ。

② クリップ方法は4種類から選べる。ムービーなど記事として取り込めない場合はスクリーンショット形式で取り込もう。

③ 保存先のEvernoteノートブックやタグを指定したら「保存」ボタンをクリックして、記事をEvernoteに送信する。

④ Evernoteを同期すると、クリップされた記事が登録される。クリップした情報に注釈やメモを付けて情報を活用しよう。

「スマートファイリング機能」を使って、同サイトのWebクリップを効率化する

054

Evernote

EvernoteのWebクリッパーに搭載されている「スマートファイリング機能」を利用すれば、記事を保存するごとに利用したノートブックやタグを学習し、次回クリップ時に自動でノートブックやタグの候補を提案してくれる。初回時はノートブックやタグを指定しておこう。

1 Webクリッパーを開いて、下にある設定をクリック。「スマートファイリング」機能が有効になっているかを確認する。

2 あとは通常通り、保存先ノートブックやタグを指定してWebをクリップする。特別な操作は必要ない。

3 スマートファイリング機能が有効になっていれば、過去に保存したWebクリップとの類似性をもとに、ノートブックやタグがセットされる。

定番のWebクリップサービス「Pocket」とEvernoteを組み合わせて使う

055

Pocket
https://getpocket.com/

Pocketは、Webクリップに特化したクラウドサービス。ただ保存するだけでなく、既読処理やタグによる整理、お気に入りによる整理などが効率的に行える。Webで気になる記事はいったんPocketに保存し、必要なものだけEvernoteに転送しよう。

1 Pocketの使い方はEvernoteと同様。アカウントを作成し、ブラウザに機能拡張をインストールしてWebを保存する。

2 Pocketに保存した記事をEvernoteに転送するには、共有メニューから「友だちに送信」をクリック。

3 Evernoteの用のメールアドレス(プレミアムユーザーのみ利用可能)を入力して送信すれば、Evernoteに転送される。

Facebookでシェアした記事を自動的にEvernoteへ保存する

056

Evernote

FacebookでシェアしたメッセージをEvernoteにまとめる方法としては、上の記事同様にEvernoteのメールアドレスを使う方法があるが、無料Evernoteユーザーは使えないのが難点。そこでWeb連携サービス「IFTTT」でアプレットを作成しFacebookとEvernoteを連動させよう。

1 IFTTTの使い方は94、100ページで解説している。サインインして、アカウント名から「Create」を開き新規アプレットを作成。

2 トリガーにFacebookを指定したら「New status message by you」もしくは「New link post by you」を選択。

3 アクションの設定でEvernoteを指定し「Create a note」を選択。保存先のノートブックとタグを設定すればOK。

こんな
用途に
最適！

▶ 全文化で記事が消える前に保存できる
▶ 有名人ブログも、丸ごとEvernoteに自動保存！
▶ レシピやグルメブログを取得して活用！

漏らさず保存したい重要なサイトは、RSSフィードを活用しよう

ニュースやブログなどのRSSフィードを
全文化してEvernoteへ自動で取り込む

APP
Evernote

常に有用な記事を掲載するWebサイトをEvernoteへ保存する場合、WebクリップではなくEvernoteのメール機能とRSSフィードを組み合わせて最新記事を自動的に取り込む方法がベスト。Evernoteでメール転送を使用するにはプレミアム登録が必要。

2つのWebサービスを組み合わせて、最新記事を完全に保存する

　ニュースサイトやブログの更新情報を配信するRSSフィードは、通常RSSリーダーで記事を読むのに使用するが、RSSフィードをメールで配信するサービス「Blogtrottr」を利用することで、Evernoteに最新の記事を自動的に取り込むことができる。その際、記事の内容を全文化するサービス「fivefilters」を加えることで、取り込んだ情報の有用性がさらに高まる。

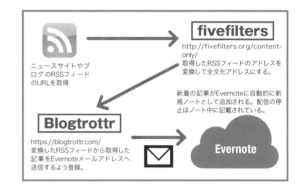

ニュースサイトやブログのRSSフィードのURLを取得

fivefilters
http://fivefilters.org/content-only/
取得したRSSフィードのアドレスを変換して全文化アドレスにする。

新着の記事がEvernoteに自動的に新規ノートとして追加される。配信の停止はノート中に記載されている。

Blogtrottr
https://blogtrottr.com/
変換したRSSフィードから取得した記事をEvernoteメールアドレスへ送信するよう登録。

Evernote

最新記事をEvernoteで受信、情報を自動的にストックしていく

全文化することで、情報の価値をフルに保存できる

　まず用意するのはRSSフィード。ブログやニュースサイトでは、たいてい配信しているので、そのURLをコピーしておこう。RSSフィードの中には、タイトルのみ、ダイジェストのみの内容もあるため、これを全文化するサービス「fivefilters」でアドレスを変換。これを「Blogtrottr」へ登録し、Evernoteメールアドレスへ送信する。配信の解除は、Evernoteに届いた記事中に記載されている。

① | fivefiltersにアクセスしたらRSSフィードを入力し、「Create Feed」ボタンをクリック。次に開くページのURLをコピー。

② | Blogtrottrへアクセスしたら、変換したアドレスとEvernoteのメールアドレス、送信間隔を設定する。Evernoteに確認メールが届く。

③ | RSSフィードが取れるサイトであれば、このテクニックを応用することで簡単に様々な情報を自動的にEvernoteへ取り込むことができる。

ちょっとしたアナログ文書は
スマートフォンで取り込もう

APP
Evernote

チラシや雑誌記事などの紙媒体をEvernoteへ取り込む場合、高品質である必要がない場合は、iOS/Android版の公式アプリの機能「ドキュメントスキャナ」を利用しよう。撮影時に文字が読みやすくなるように補正してくれるのが特徴だ。

058

カメラを起動

自動モードに設定

撮影する

① モバイル版アプリを起動してEvernoteにサインインしたら、カメラアイコンをタップしてカメラ機能を起動する。

② 撮影画面が開く。「自動」モードに設定して書類に端末を向けると自動的に撮影される。手動での撮影も可能。

③ 「保存」をタップすると、撮影された画像がアップロードされる。ドキュメントカメラは文字や読みやすく補正してくれる。

画像として取り込まれた文書に含まれる文字は
OCR機能でテキスト検索できる

059

APP
Evernote

Evernoteに取り込まれた画像データに含まれている文字は、OCR機能を利用してテキスト検索できる。解析されるまで少々時間がかかる場合もあるが充分に実用的だ。より大きくコントラストの高い画像の方が、ヒット率が高くなるので取り込む際に覚えておこう。

① 画像内の文字を検索する方法は通常のテキストとまったく同じ。検索対象を指定してキーワードを入力する。

② 画像に含まれる文字をテキストで検索できる。OCRの精度はかなり高く、ドキュメントカメラで撮影すれば認識率は高い。

③ もちろんドキュメントカメラで撮影した画像だけでなく、Webなどからアップロードした画像内の文字もしっかり検索できる。

会議が終わったらホワイトボードを撮影して
議事録ノートに添付する

060
豆テク

APP
Evernote

会議やミーティングで議事録を作成するのは、その時間を無駄にしないためにも重要だ。内容をテキスト形式でメモするのも大事だが、それに加えて会議で使用した「ホワイトボード」を写真に撮影し、議事録ノートに貼り付けておくと見返す時にわかりやすくなる。

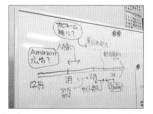

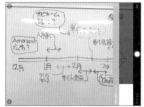

① 会議では欠かせないホワイトボード。単なる文字情報だけでなく図や色分けなど、テキストメモでは伝わらない情報が多い。

② 会議が終わったらデジカメで撮影してEvernoteに貼り付ける。Evernote公式アプリなら自動モードで綺麗に撮影できる。

③ 議事録ノートはタイトルに場所や日時、議題をつけておくと後で検索しやすくなる。定例会議ならタグをつけるのも良い。

061

こんな
用途に
最適!

▶ クラウド時代の断捨離はドキュメントスキャナで
▶ 何気ないチラシも、いつかはお宝データに?
▶ OCRで記事のテキスト検索もできる

散逸しがちな紙媒体の資料はスキャナでデジタル化

紙の資料はスキャナを使って
クラウドへ保存・管理しよう

APP
Evernote

Webからの情報収集が主流となっている昨今だが、それでも雑誌やパンフレットといった紙媒体でも保存しておきたい情報は多い。だが紙媒体をそのまま保管するだけでは検索性も低く、そもそも資料の存在すら忘れてしまいがちだ。

雑誌記事などの重要な紙資料はスキャナでデジタル化する

紙資料はスキャナでデジタル化してEvernoteにストックしておけば、必要なときにいつでも参照できるようになる。定番のドキュメントスキャナ「ScanSnap」はクラウドとの連携が可能でOCR機能による文字認識などが利用できる。資料になりそうな紙媒体はサクサク取り込んでEvernoteに詰め込もう。ペーパーレス化も進み、オフィス環境もすっきりして一石二鳥だ。

TOOL
手軽に使えるベーシックモデル

ScanSnap普及機。USBバスパワーで駆動するコンパクトモデル。コンパクトなので使いたい時にすぐに出せる。よりサイズの大きな原稿をスキャンする、高速スキャン、モバイル機器との連携を考えるなら上位機種も。

ScanSnap S1300i
開発 ● 富士通　価格 ● 24,000円前後

ScanSnapで紙の資料をデジタル化しEvernoteへ保存する

① 「ScanSnap Manager」を起動して環境設定を開く。スキャン品質と保存先、形式を設定する。PDFならOCR機能も利用可能。

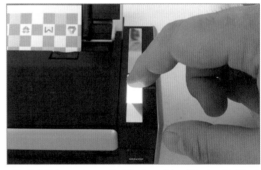

② 原稿をScanSnapへセットし、Scanボタン(青いランプのボタン)を押すと、スキャンが開始される。

③ スキャンが完了すると、データをどのアプリで開くかを選択する。Dropbox、Evernoteといったクラウドにも対応している。

④ PDFファイルの内容を確認して保存をクリックすると、PDFファイルが保存される。ドキュメントをどんどんクラウドへ蓄積しよう。

収集

● CHAPTER 2 :Collection

名刺の表と裏をスキャンし、1つのファイルに保存する

062

ビジネスには欠かせない名刺は、放っておくとどんどん増えて整理が困難になる。ドキュメントスキャナ「ScanSnap」は名刺スキャンにも対応しており、名刺を連続スキャンして内容を連絡先へエクスポートできる。名刺データもクラウドへ保存しておくと安心だ。

APP
Gmail

1 ScanSnapなら、複数の名刺をまとめてセットできるが、特殊な形の名刺は個別にスキャンしよう。表面を下にしてセットする。

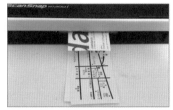

2 本体のScanボタンを押すと、名刺が読み込まれてスキャンが開始される。名刺は厚みがまちまちなので注意が必要だ。

3 スキャンが完了したらテキスト変換アプリ「CardMinder」を起動。名刺の内容が解析される。データを確認・修正したら、Gmailの連絡先に保存する。

豆テク

家電やPC機器のマニュアル類は、PDFを入手してEvernoteで管理しよう

063

主要なメーカーの家電やPC機器のマニュアルは、たいていメーカーのWebサイトでPDFファイルをダウンロードできる。PDFをEvernoteにアップロードしておけば、いざという時すぐに参照できる。プレミアム会員ならPDFの全文検索も可能なのでより便利だ。

APP
Evernote

1 家電製品のマニュアルや取扱説明書は、メーカーサイトで入手できる。現在使用している機器の型番を調べて、PDFを入手しよう。

2 Evernoteで新規ノートを作成し、入手したPDFをドラッグ&ドロップしてアップロードする。転送容量の上限には注意しよう。

3 これで、クラウド上にマニュアルのデータベースが完成。プレミアム会員以上なら、内容を全文検索することもできる。

豆テク

押入れの段ボールは中身と外観を撮影してEvernoteに記録しよう

064

押入れに無造作に積まれている段ボールや滅多に開けないキャビネットから必要なものを探し出すのは非常に困難だ。そこで段ボールやキャビネットの中身を外観とセットで写真に撮り、Evernoteで管理しておくと、いざという時にわかりやすくなる。

APP
Evernote

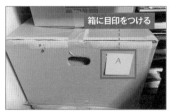

1 段ボールの中身と外観をセットで写真に撮る。箱の外観が同じなら番号などの目印をつけておこう。

2 Evernoteに専用のノートブックを作成して写真をノートに貼り付けてアップロードする。ノートのタイトルに外観の特徴を記載しておくとわかりやすい。

3 できればノートの本文に箱の中身を記載しておくと検索で見つけやすい。中身が変わってしまったらアップデートも忘れずに。

065

こんな
用途に
最適！

▶ 三日坊主な人も、つぶやくだけで日記が書ける
▶ リツイート送信で、情報収集にも
▶ Evernote無料ユーザーでも利用できる

「ツイエバ」でTwitterからの情報収集を自動化する

自分のTwitterつぶやきやお気に入りを
Evernoteへ定期的にストックする

APP
Evernote

リアルタイムで最新の情報が流れるTwitter。自分ではつぶやきを投稿しなくても、他ユーザーや企業のつぶやきを情報源としてチェックしているユーザーも多いだろう。「ツイエバ」は、TwitterとEvernoteをリンクして、情報収集をサポートしてくれるWebサービス。

情報源としてTwitterを活用して
いるならこのサービスがオススメ

　Twitterは情報源として非常に有用なサービス。自分で情報をつぶやくのはもちろん、他ユーザーの情報をリツイートしたり、お気に入りに入れて情報収集できる。TwitterからEvernoteに保存したいつぶやきを送信する方法はいくつか存在するが、Webサービス「ツイエバ」を利用すれば、一日分の自分のつぶやきやお気に入りに入れたツイートをEvernoteに送信してくれる。

TOOL
TwitterとEvernoteを連携

Twitterのつぶやきやお動保存

Twitterのつぶやきやお気に入りを、Evernoteやメールへ定期的に配信してくれるサービス。

Web Service **ツイエバ**
作者 ●ツイエバ　価格 ●無料
URL ● http://twieve.net/

情報を収集したいTwitterアカウントでログインし配信設定する

① ツイエバへアクセスし「Sign in with Twitter」をクリック。Twitterのアカウント情報を入力しアカウントとリンクさせる。

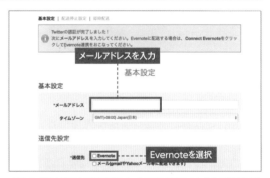

② 「基本設定」に認証用のメールアドレスを入力したら「送信先」を「Evernote」に設定する。

③ 「Evernote連携」の連携ボタンをクリックしてEvernoteに接続したら、送信先ノートブックやタグを指定する。

④ 送信データの表示形式や含めるコンテンツを指定したら「保存」をクリック。メールで認証すれば配信が開始される。

Amazonの商品情報を Evernoteに保存して管理する

066

家電製品や日用品の情報を調べる場合はAmazonの商品ページをチェックするのがおすすめ。公式サイトよりも情報が簡潔に整理されている。「Webクリッパー」にはAmazon専用モードが用意されており、これを選択すれば商品名、商品写真、トップレビューをまとめて保存することができる。

APP
Evernote

1 Amazonでクリップしたい商品ページを開いたら、Webクリッパーを起動する。Amazon専用のメニューが追加表示されるので選択する。

2 EvernoteにAmazonの商品情報がクリップされる。なお、右上にあるリンクをクリックするとブラウザが起動して商品ページを開くことができる。

3 タイムセールで出品されている気になる商品情報をクリップする際は、リマインダーで終了時刻を設定しておこう。終了前に通知してくれる。

資料になりそうなYouTube動画を Evernoteに記録する

067

YouTubeの気になる動画をメモしておくときにもEvernoteは便利だ。WebクリッパーにはYouTube専用のクリップボードが用意されており、動画タイトル、URL、動画のサムネイル画像、概要だけを保存してくれる。サムネイルやURLをクリックするとブラウザが起動して、再生ページを開くことができる。

APP
Evernote

1 Webクリッパーをインストールした状態で、ノートに追加したいYouTubeのページにアクセス。Evernoteボタンをクリックして「YouTube」をクリック。

2 余計な関連動画がカットされ、動画タイトル、URL、動画のサムネイル画像、概要だけを切り取って保存してくれる。

3 コメント欄は保存できないので、コメント欄も一緒に保存したい場合は、「ページ全体」にチェックを入れて保存しよう。

GoogleドライブのOCR機能で 画像からテキストを抽出する

068

画像に含まれる文字をテキスト化するOCR機能は、EvernoteやOneNoteではおなじみだが、Googleドライブでも画像やPDFをアップロードしてGoogleドキュメント形式に変換することで、テキストを抽出しそのまま編集することができる。認識性能もかなり高い。

APP
Googleドライブ

1 Googleドライブに文字認識させたい画像（JPEG、PNG、GIF）やPDFをアップロードする（OCRは最大2MBまで）。

2 アップロードしたファイルを右クリックし「アプリから開く」＞「Googleドキュメント」を開く。

3 変換が終了するとGoogleドキュメントの編集画面が開き、画像の下にOCRで認識されたテキストが追加される。

069

こんな
用途に
最適！
▶ 毎日のニュースチェックが快適に
▶ 家でも出先でも購読ブログをもれなくチェック
▶ 気に入った記事は即座にクラウドへ

最 新 記 事 を 自 動 的 に 取 得 し て く れ る の で 、 チ ェ ッ ク 漏 れ を 防 げ る

サイトの最新記事をチェックするなら
クラウド型RSSリーダーfeedlyがベスト

APP
feedly
https://feedly.com/

RSSリーダーとは、ニュースサイトやブログで入手できるRSSフィードを登録することで、そのサイトへアクセスしなくても最新記事をダウンロードして読むことができるアプリ。Webからの情報収集を効率化してくれるツールだが、クラウドによりさらに活用の幅が広がる。

スマートフォンとの連携にも便利なクラウド型RSSリーダー

「feedly」は、クラウド型のRSSリーダーサービス。一般的なRSSリーダーと異なり、最新記事を自動的に取得してくれるので、情報のチェック漏れを防止できる。既読／未読のステータスも保存されるので、パソコンで読んだ続きをモバイルで、といった読み方にも向いている。普段チェックしているWebサイトはfeedlyに登録して、効率的に情報を収集しよう。

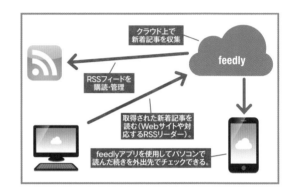

RSSフィードを登録して、最新ニュースを漏らさずチェックする

1 初めて使用するときは「Get Started」をクリックし、GoogleやFacebookアカウントでサインアップする。

2 左メニューの「+」ボタンをクリックして、RSSフィードを登録する。ニュースを検索して登録することも可能。

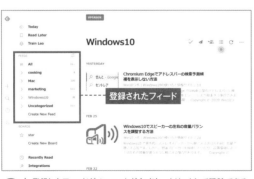

3 登録したフィードがメニューに追加され、クリックして購読できる。フィードはカテゴリを作成して整理できる。

4 アカウント名をクリックして各種設定が行える。「Integration」ではDropboxやEvernoteとの連携が可能。

キーワードを登録して、最新のGoogle検索結果を配信してくれる

気になるキーワードの検索結果を
定期的に収集する

Google検索は、情報収集の基本。Googleアラートは、定期的に検索結果をメールで配信してくれるサービス。WebはもちろんYouTubeの検索にも対応しているので、人物や地名などの気になるキーワードを登録して最新情報をゲットしよう。

070

SITE

Googleアラート
https://www.google.co.jp/alerts

1 アラートにアクセスしてサイン・イン。トップページからは、いま話題の検索ワードが表示され「＋」ボタンで追加できる。

2 検索フォームにキーワードを入力するとプレビューを表示。オプションで検索内容やアラートの設定をしてアラートを作成。

3 トップページの「マイアラート」に作成されたアラートを表示。設定したタイミングでGmailアドレスにアラートが届く。

身近なアンケートから市場調査まで、幅広く活用できるフォーム

サクッとアンケートで
さまざまな情報を調査する

懇親会の内容から社員旅行の行き先まで、SNSや社内グループで簡単なアンケートを取りたいことがある。そんな時はフリーで作成でき、簡単にシェアできるGoogleドライブのフォーム機能が便利。フォームの形式も多用意されているので、幅広い用途に利用できる。

071

APP

Googleドライブ

1 Googleドライブにアクセスしたら「新規」をクリック。「その他」>「Googleフォーム」を開いてフォームを作成する。

2 フォームは選択肢や自由入力、必須入力など様々な形式に対応しており、画像や動画も埋め込むこともできる。

3 「送信」をクリックし、「リンク」で作成したリンクをSNSで公開すれば、アクセスした人が自由に回答できる。

誰でも自分のDropboxへファイルを送れる「ファイルリクエスト」

旅行の写真などを
簡単にアップロードしてもらう

Dropboxの「ファイルリクエスト」機能は、Dropboxアカウントを持たないユーザーからでもファイルをアップロードしてもらえる機能。旅行の写真を同行者から集めて写真集を作ったり、サークルのWebサイト用の素材を集める時など使い道は様々な機能だ。

上級

072

SITE

Dropbox
http://www.dropbox.com/

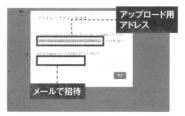

1 Web版のDropboxへアクセスし「ファイルリクエスト」をクリック。タイトルとアップロード先を指定する。

2 設定が完了すると、アップロード用のURLが発行される。メールアドレスを入力してリクエストするユーザーを招待する。

3 招待されたユーザーがこのアドレスにアクセスすると、ファイルを指定してDropboxへアップロードできる。

073

こんな
用途に
最適！
▶ Twitterのレアなつぶやきを逃さず保存
▶ あの人の爆弾発言も、ワンタッチで永久保存
▶ 領収書など大事なメールもEvernoteへ

気になったツイートをお気に入りに入れるだけでEvernoteへ転送

TwitterやGmailの重要な内容を自動的にEvernoteへ収集させる

APP
IFTTT
https://ifttt.com/

複数のWebサービスを利用して情報を収集する場合は、どれだけ簡単に情報を集約できるかが継続のキーポイント。IFTTTは多彩なWebサービスを連携させて自動処理してくれるサービス。TwitterとEvernoteとの連携も難なくこなしてくれる。

お気に入りに追加したツイートを即座にEvernoteへ送信

「IFTTT」は、多種多様なWebサービスを組み合わせてさまざまな自動処理を実行するWebサービス。IFTTTにログインしたら、TwitterとEvernoteのアカウントを登録し、「Twitterのお気に入りに追加されたツイートでEvernoteノートを新規作成」というアプレットを作成する。これで、Twitterでお気に入りを登録すると、Evernoteにノートが追加される。Gmailでも同様の処理が設定可能。

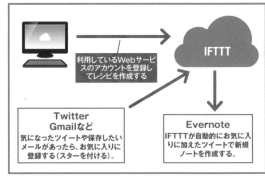

利用しているWebサービスのアカウントを登録してレシピを作成する

Twitter Gmailなど
気になったツイートや保存したいメールがあったら、お気に入りに登録する（スターを付ける）。

Evernote
IFTTTが自動的にお気に入りに加えたツイートで新規ノートを作成する。

※94、100ページにも関連記事が載っています。

IFTTTのアプレットを作成して、Webサービス同士を連携させて利用する

① サインインしたら右上のアカウント名をクリックして「Create」を開く。アプレット作成画面で「this」をクリック。

② サービスからTwitterをクリックし「Connect」でIFTTTと連携させる。トリガー選択で「New Liked」をクリック。

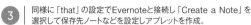

③ 同様に「that」の設定でEvernoteと接続し「Create a Note」を選択して保存先ノートなどを設定しアプレットを作成。

④ 作成したアプレットは「My Applets」から確認でき、有効／無効を設定できる。

Webサイトを丸ごとダウンロードし
クラウドへ保存

074

APP
Dropbox

Webを資料として保存する際、ページ単体やブックマークとして保存する方法はいくつか存在するが、サイト全体をまとめて保存するのは面倒。ダウンロードツールを使用して保存すれば、サイトが消えてしまった時でも閲覧できる。Windowsユーザーなら「Webox」がおすすめだ。

Webサイトだけでなく、さまざまなWeb上のコンテンツをダウンロードできる。IEとの統合も可能。

Windows App WeBox
作者 ● 中村聡史
種別 ● フリーソフト
URL ● http://webox.sakura.ne.jp/

① Dropboxフォルダを指定

① 環境設定を開き、ダウンロードしたデータの保存先を指定。Dropboxなどのクラウドストレージも指定できる。

クリック **URLを入力する**

クリック

② 画面左から「未整理フォルダ」を選択したあと、対象のURLを入力し、「サイトをまるごととりこむ」をクリックしよう。

電子書籍のハイライト箇所を
Evernoteのスクリーンショットで保存する

豆テク
075

APP
Evernote

情報源として電子書籍を利用することも多い。書籍を読んでいて気になった箇所はマーカーで印を付けられるが、その部分をEvernoteにクリップしておくのも有効だ。テキストをコピーしてもいいが前後の箇所も読めるEvernoteのスクリーンショットがオススメ。

① 電子書籍リーダーでマークしたページを表示させる。タブレットやスマホで追加したマークも同期され表示される。

② Evernoteクライアントを起動し、ショートカットキーを使用して電子書籍（Ctrl＋Alt＋S）の画面をスクリーンショットで保存。

③ 電子書籍のポイント部分を簡単にクリッピングできる。解像度が高ければ、文字認識機能でテキスト検索も可能。

よく使うフレーズを定型文として
Evernoteにストックしておく

豆テク
076

APP
Evernote

ビジネスの連絡メールやブログ、Web開発で使用するHTMLコードなど、よく使うテキスト素材を定型文としてEvernoteにストックしておけば、繰り返しの作業を効率よくこなすことができる。定型文ノートブックを作成しておき、必要な時に検索、コピーして使用しよう。

定型文を登録する

定型文ノートブックを作成

① Evernoteに専用ノートブックを作成し、ビジネスメールやHTMLコードなど頻繁に使う定型文を登録しておく。

タグをつける

② 定型文の用途ごとにタグを付けたり、使用する際の説明文、注意書きを添えておくと後で使用する時にも迷わずに済む。

③ 定型文を使用する時はノートを開いて必要な部分をコピーし、メールやコードエディタなどに貼り付けて利用する。

077

プレビューや検索にも対応
オフィスファイルの保存にも便利

APP
Evernote

Evernoteではワードやパワーポイント、PDFファイルなどをノートに添付することが可能。プレビュー表示もできる。さらにプレミアム版であればファイル内のテキストを検索対象にかけることが可能で、キーワードをハイライト表示もしてくれる。

1 添付方法は写真と同じく添付メニューからファイルを選択すればよい。PDFでもプレビュー表示できる。クリックするとPDFに描き込みも可能。

2 添付したファイルは検索で探すこともできる。キーワードに合致するノートをリストアップして添付ファイルをハイライト表示してくれる。

3 PDFだけでなくWordやExcelなどのマイクロソフトのオフィス文書内の文字も検索できる。

078

豆テク

ノート作成、検索、スクリーンショットは
Evernoteのショートカットを使おう

APP
Evernote

Evernoteを効率的に操作したいなら用意されているキーボードショートカットを覚えておこう。ノート作成や検索がキーボードで効率的に行える。特に便利なのはスクリーンショット機能で、画面全体、もしくは範囲選択した箇所を撮影すると同時に新規ノートを作成してくれる。

1 ショートカットの確認はメニューの「ツール」から「オプション」の「ショートカットキー」で確認できる。

2 ショートカット設定は自分の好きなキーにカスタマイズできる。使いやすいように変更しよう。

3 「Ctrl」+「Alt」+「S」でスクリーンショット機能が表示される。これを動かして範囲選択すれば撮影後、ノートに自動的に貼り付けられる。

079

上級

Evernoteでノートに「タグ」を
つけるときの基本的な考え方

APP
Evernote

タグによるノート管理はEvernoteの大きな特徴だが、使いこなすにはコツが必要。何も考えずにタグを付けまくってしまうと、タグ数が増えすぎて検索性が損なわれてしまう。タグをつけるときの基本的な考え方をマスターし、自分に最適なノート管理術を構築しよう。

**慣れるまでは
タグは必要最低限にする**

ノートには複数のタグを指定できるが、やみくもにタグを付けてしまうと、かえってタグの利便性が失われてしまう。タグの使い方に慣れるまではタグの種類は最低限に絞り、付けるときも「1つのノートには1つのタグ」を基本にしよう。

**ノートブック内を絞り込む
ためのタグをつける**

ノートブックのノート数が増えてきたら、そのノートブック内でノートを絞り込むためのタグを付けていこう。内容ごとにノートブックを使い分けるなら、できるだけ他のノートブックでは使っていないタグを指定して混乱しないように工夫する。

**ノートブックを横断検索する
「共通タグ」を決める**

さらに一歩進めて、異なるノートブック間を横断検索できるような共通のタグを決めてノートに付けていこう。例えば「仕事」と「個人用」のノートブックで共通の人物やアイテムが出てくるなら、それをタグにすれば関連するノートをまとめて閲覧できる。

重要なニュースはEvernoteに転送して
情報をストックする

080

最新ニュースを効率的にチェックするのに便利なiOSアプリ「Smart News」。このアプリは、共有メニューからお気に入りの記事をEvernoteへ送信してノートとして取り込める。他にもPocketなどのサービスにも対応しており、手軽な情報収集ができる。

APP
Evernote

① Evernoteアプリが導入されていれば、共有メニューにEvernoteボタンが表示される。されない場合は「その他」からオンに。

② 記事をロングタップするか、共有ボタンからEvernoteボタンをタップすると、保存先を指定して記事を保存できる。

TOOL 話題のニュースをサクッと読める

ジャンルごとに分類された最新ニュースを手軽に読めるニュースアプリ。豊富な外部サービスに対応。

iOS App SmartNews
作者 ● SmartNews, Inc.
料金 ● 無料
カテゴリ ● ニュース

スマホでWebページ全体をPDF化し、
Dropboxへダウンロードする

081

iPhoneで見ているページをPDF形式で保存したい場合は、SafariのPDF保存機能を利用しよう。SafariでPDF保存したいページを開いたら、共有メニューからDropboxを選択し何もマークアップせずそのまま保存し、その後、Dropboxに移動しよう。

APP
Dropbox

タップ

① SafariでPDF保存したいページを開いたら、右上の共有メニューをタップする。

タップ

② 共有メニューが表示されるので、「Dropboxに保存」をタップしよう。

保存先を指定する

③ ページがPDF形式に変換される。Dropboxの保存先を指定して、右上の「保存」をタップすればPDF形式で保存される。

さまざまな端末間で素早くデータを
プッシュ送信する

上級
082

複数台のPCやスマホ間でテキストやファイルをやりとりするには、データ形式に応じて別々のクラウドサービスを使い分ける必要があるが、「Pushbullet」を使えばちょっとしたデータを素早く転送できる。プッシュ通知されるのですぐにデータを渡したい時にも便利。

SITE
Pushbullet
https://www.pushbullet.com/

① 各デバイスにアプリをインストールし、共通のGoogleもしくはFacebookアカウントでサインインして、データをやり取りする。

② メッセージやファイル、リンクなど様々なデータをあらゆる端末間でやりとりできる。履歴は全て保存される。

TOOL あらゆるOSのデバイスとブラウザに対応

Windows、MacやiOS、Androidに加え、各種ブラウザ用の拡張機能としてもインストールできる。

Tool Pushbullet

作者 ● Pushbullet
料金 ● 無料 (一部アプリは有料)
URL ● https://www.pushbullet.com/apps

重要なファイルや写真、設定などをクラウドで **同期** する

データ同期サービスはクラウドの得意分野!

　現在では仕事でパソコンを使っている人に限らず、自宅だけでなく、外出先や勤務先など、複数のコンピュータを使い分けるケースが多いだろう。そんな環境で重要となってくるのが「データの同期」だ。仕事で使用するファイルやアプリケーションの設定などを、USBメモリを使って持ち歩く方法もあるが、データの破損やUSBメモリの紛失などリスクも大きい。

　そこで注目を集めているのが、クラウドを使ったデータ同期サービス。インターネット接続環境さえあれば、クラウドを通してあらゆるファイルを同期し、自宅や外出先など様々な場面で同じ環境を利用できる。今、非常に注目を集めているリモートワーク（在宅勤務）をスムーズに進めるには必須の環境ともいえるだろう。同期したデータはクラウド上に存在するため、万が一パソコンやスマホがクラッシュしてしまってもデータは安全を保たれるのも大きなメリットだ。

083-103

テレワークに必須！ 仕事のファイルは基本的にクラウドへ同期しよう

仕事で必要なデータは
すべてDropboxに放り込む

企画書や原稿、オフィスファイルにデジカメ画像など、仕事で使うPC用ファイルはすべてDropboxにアップロードしておくと便利。自動で同期してくれるので、自宅でも、外出先でも、会社でも常に同じ状態のファイルを利用することが可能だ。

APP

Dropbox

あらゆる端末に対応しているからどんな場所でもデータ確認が可能

Dropboxはクラウド上にファイルを保存できるサービス。初期設定では無料で2GBの容量が利用できる。アプリをインストールするとパソコン上に専用のフォルダが作成され、そこにファイルを移動するだけで自動的にアップロードしてくれる。同一アカウントでログインしたすべてのPCや携帯端末でアクセスでき、また自動同期してくれるので、自宅でも会社でも常に同じデータの状態を維持できるのがメリットだ。

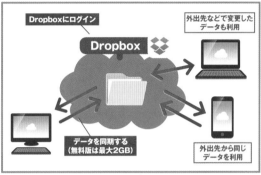

※現在、Dropboxの無料プランでは同期できる台数は3台までとなっている。

Dropboxをインストールしてデータを同期してみよう

アイコンをクリックするとDropboxフォルダが開く

① Dropboxをインストールすると、デスクトップに「Dropbox」フォルダが追加される。このフォルダに同期したいデータをどんどん保存していこう。

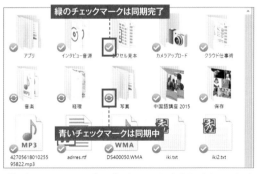

緑のチェックマークは同期完了

青いチェックマークは同期中

② Dropboxフォルダへ同期したいファイルを移動したり、ファイルを更新すると、青いチェックマークが付く。また、同期が完了すると緑のチェックマークが付く。

クリックすると設定画面が開く

アイコンをクリックするとパネルが表示され、同期の進行状態がリスト表示

③ Dropboxはデフォルトではタスクトレイに常駐する。クリックすると同期状態を確認したり、Dropboxの設定画面にアクセスできる。

④ なおiOSやAndroid版Dropboxも配布されている。各端末にアプリをインストールして、PC版と同じアカウントでログインすればPCと同じデータが扱える。

084

こんな用途に最適！
▶ スマホで撮影した写真を自動でPCに転送できる
▶ スマホ内の写真をバックアップできる
▶ 撮影と同時に自動でアップロードできる

スマホの写真やPCのスクリーンショットを自動保存

カメラ撮影した写真を自動で Dropboxにアップロードする

APP
Dropbox

スマホで撮影した写真をDropboxにアップロードしたい場合は、「カメラアップロード」機能を有効にしよう。カメラ撮影と同時に自動でクラウド上に写真をアップロードしてくれる。手間が省けるだけでなく、写真のバックアップにも役立つはずだ。

「カメラアップロード」機能を有効にしよう

Dropboxの「カメラアップロード」機能を有効にすると、カメラ撮影後に自動でDropboxにアップロードしてくれる。毎回手動で写真を移し替える必要がなくなり作業が楽になる。PC版ならPC上でスクリーンキャプチャした写真を自動でDropboxのフォルダに保存することが可能。スマホで撮影した写真とは別フォルダで分類してくれるので混乱することもない。

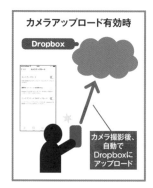

カメラアップロード機能を有効にして撮影を行おう

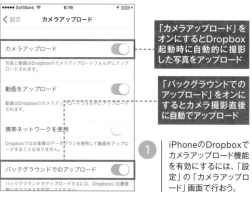

「カメラアップロード」をオンにするとDropbox起動時に自動的に撮影した写真をアップロード

「バックグラウンドでのアップロード」をオンにするとカメラ撮影直後に自動でアップロード

① iPhoneのDropboxでカメラアップロード機能を有効にするには、「設定」の「カメラアップロード」画面で行おう。

「常に許可」にチェックを入れる

② iPhoneの「設定」から「プライバシー」→「位置情報サービス」→「Dropbox」と進み、位置情報の利用を許可しておこう。

Dropboxの基本設定画面の「インポート」で「Dropboxでスクリーンショットを共有」にチェックを入れよう

③ アップロードした写真はDropboxフォルダの「カメラアップロード」フォルダに保存されている。

④ PCでスクリーンショットを撮影した写真を自動でアップロードするには、PC側のDropboxの設定画面で設定を行おう。

こんな用途に最適！
▶ 大切な情報が記載されたファイルを守る
▶ 簡単操作で手軽に暗号化したい
▶ 無料で使えるセキュリティソフトが欲しい

重要なファイルは暗号化して同期しよう

セキュリティに不安が残る場合は Dropboxのファイルを暗号化しておこう

不正アクセスによるファイルの外部流出に不安がある場合は、事前にファイルを暗号化しておくとよいだろう。万が一の事態があっても個人情報が漏れることはない。クレジットカードやログイン情報など個人情報が記載されたファイルを暗号化しよう。

APP
Dropbox

簡単な操作で強力な暗号をファイルにかけることができるフリーソフト

「ED」はファイルをドラッグ＆ドロップしてパスワードを設定するだけのシンプルな暗号化ソフト。暗号化されたファイルは「.enc」という独自の拡張子が付けられ、解除するにはEDが必要。「Boxcryptor」は右クリックメニューから手軽に暗号化できるソフト。暗号化をかけたパソコン以外のデバイスからアクセスしてもファイルが表示されなくなり、盗まれる心配がなくなる。

PC APP **ED**
作者 ● Type74 Software
種別 ● フリーソフト
URL ● http://www.vector.co.jp/ soft/win95/util/se119287.html
●ED
ドラッグ＆ドロップで手軽に暗号化できるソフト。

PC APP **Boxcryptor**
作者 ● Secomba GmbH
種別 ● フリーソフト
URL ● https://www.boxcryptor.com

●Boxcryptor
右クリックからクラウド上にあるファイルを暗号化するソフト。

EDやBoxcryptorでDropbox上のファイルを暗号化しよう

EDの場合

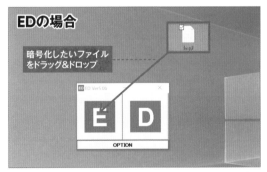

暗号化したいファイルをドラッグ＆ドロップ

1 EDで暗号化する場合、ファイルを「E」の部分に直接ドラッグ＆ドロップ。パスワード設定画面が現れるので、解除用パスワードを設定しよう。

2 暗号化ファイルが作成される。ファイルの拡張子は「.enc」となっている。解除したい場合は「D」側にドラッグ＆ドロップしよう。

Boxcryptorの場合

フォルダを自分で指定する

暗号化したいクラウドサービスにチェックを入れる

1 Boxcryptorを起動してタスクトレイに常駐しているアイコンから設定画面を開く。暗号化対象のフォルダを指定しよう。フリー版は1つしか登録できない。

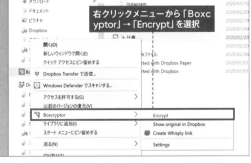

右クリックメニューから「Boxcryptor」→「Encrypt」を選択

2 Boxcryptorフォルダに移動して暗号化指定したフォルダを開き、暗号化したいファイルを右クリックして「Boxcryptor」→「Encrypt」を選択すればよい。解除する際は「Decrypt」を選択する。

086

こんな
用途に
最適！
▶ ウェブサービスのログイン入力が簡単になる
▶ PCとスマホでパスワードを管理できる
▶ さまざまなパスワード情報をきちんと管理できる

効率的かつ安全にパスワード管理する

ログインパスワードをDropboxに保存して
PCとスマホで安全に共用する

APP
Dropbox

ウェブサービスのログイン情報をクラウドに保存していればPCとスマホの両方でアクセスして利用できる。しかし万が一、不正アクセスがあったときは、すべてのログイン情報が漏れてしまう危険もある。そこでクラウド上で安全・確実に管理する方法を紹介しよう。

パスワード情報を一括管理できる「KeePass」を使おう

クラウド上でウェブサービスのパスワード情報を管理するなら「KeePass」を使おう。ユーザーIDやパスワードなどを一括管理できるソフトで、管理するパスワード情報は独自のファイル形式（.kdb）で暗号化してクラウド上に保存することができる。iOSアプリも配布されているのでiPhoneやiPadにインストールすることで、携帯端末からでも保存したパスワード情報を利用できる。

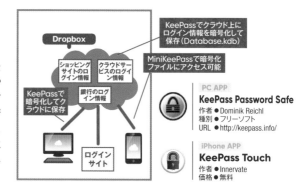

KeePassで暗号化ファイルを作成してKeePass Touchでアクセスする

1 KeePassを起動したら左ウインドウから登録するサービスのグループを選択し、右側の白い部分で右クリックして「Add Entry」をクリック。

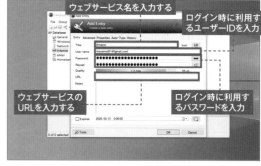

2 エントリー編集画面が現れるので、サービス名、ユーザー名、パスワード、URLを入力していこう。

3 自動入力したいウェブサービスのログイン画面をブラウザで開き、登録したエントリーを右クリックして「Perform Auto-Type」でログイン情報が自動入力できるようになる。

4 DropboxにKeePassのファイルを保存。iPhone版KeePassの「KeePass Touch」で保存したファイルを読みこめばスマホでもログイン情報を共用できる。

大事な原稿や書類作成はDropbox上で行えば
ミスしても以前の状態に戻せる

テキストや画像を編集中にうっかり上書き保存してしまうときがある。もしDropbox上にあるファイルであれば、簡単に上書き前の状態に戻すことが可能だ。大事な書類や原稿作成は、以前の状態に素早く戻せるDropboxフォルダ上で作業を行おう。

APP
Dropbox

087

① うっかりファイルを上書きしてしまったファイルを右クリックし、メニューから「バージョン履歴」をクリック。

② ブラウザが起動してDropboxのログイン画面が表示されるので、ログイン情報を入力しよう。

③ ファイルの履歴が表示されるので、戻したい位置にチェックを入れて「復元」をクリックしよう。

Web版Dropboxの「イベント」から
ファイルを復元する

Dropboxのフォルダ上で作業中、うっかり大事なファイルを削除してしまっても慌てることはない。簡単に削除してしまったファイルを復元することができる。Web版のDropboxにアクセスして「削除したファイル」から復元したいファイルを選択すればよい。

APP
Dropbox

088

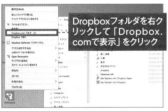

① うっかりファイルを削除してしまったら、Dropboxのフォルダ上で右クリックして「Dropbox.comで表示」をクリック。

② DropboxのWeb版のページが開くので、左メニューから「削除したファイル」をクリック。復元させたいファイルの左側にチェックを入れて右側の「復元」ボタンをクリック。

③ 復元画面が表示される。「全ファイルを復元」をクリックすると削除したファイルを復元することが可能だ。

録音したRadiko放送をDropboxに保存して
スマホで聴く

自宅で予約録音しておいたRadikoの放送を外出先で聴きたいならRadikoolを使おう。Radikoolの設定で、録音したMP3ファイルの保存先をDropboxのフォルダに変更しておくことで、自宅のPCで予約録音した放送を外出先から聴くことが可能となる。またMP3ファイルで保存されるので、編集することも可能だ。

APP
Dropbox

豆テク
089

② あとはRadikoolで予約録音設定しておこう。録音後、DropboxフォルダにMP3が作成され、外出先からでも視聴することが可能だ。なお、無料プランでのストリーミング再生は15分に制限されている。

① PC側でRadikoolを起動し、メニューの「ツール」→「設定変更」→「録音ファイル設定」の「保存パス」をDropboxに変更する。

Radiko放送をMP3形式で録音する

Radikoの放送を録音してMP3形式で保存できるアプリ。らじる★らじる、CSRA、JCBAの録音も可能。

PC APP Radikool
作者 ●Radikool
料金 ●無料
URL ●https://www.radikool.com/

CHAPTER 3 : Synchronization

こんな
用途に
最適!

▶ Dropbox外にあるファイルをバックアップできる
▶ 本データを消失してもDropboxから復元できる
▶ 重要データを確実にバックアップできる

パソコンのバックアップはクラウドへの保存が安全

重要データのバックアップの基本は
すべてDropboxに放り込んでおくこと

APP
Dropbox

パソコンのバックアップは鉄則だが、バックアップ先のディスクやハードウェアが壊れてしまっては意味がない。そこでクラウドストレージにパソコンのデータをバックアップしよう。パソコンや外部ディスクにトラブルがあってもデータ消失することはなくなる。

バックアップソフトと Dropboxを連携させる

ファイルのバックアップにはバックアップソフトとクラウドストレージの連携がおすすめ。BunBackupはWindows内のファイルをバックアップするソフト。バックアップしたいフォルダを選択するだけで、フォルダ内で新しいファイルが生成されたときに指定した場所にファイルをコピーしてくれる。コピー先をDropboxフォルダに指定しておくことで、PCにトラブルがあったときでもファイルを救出可能だ。

PCデータのバックアップに便利

追加ボタンをクリック

バックアップ元の
フォルダを指定

バックアップ元とバックアップ先（Dropboxフォルダ）を指定するだけのシンプルなバックアップソフト。

Dropboxなどクラウドストレージのフォルダを指定する

PC APP **BunBackup**
作者●Nagatsuki 種別●フリーソフト
URL●http://homepage3.nifty.com/nagatsuki/

BunBackupでDropboxフォルダにデータをバックアップ

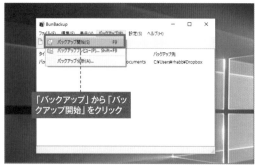

「バックアップ」から「バックアップ開始」をクリック

① バックアップ元フォルダとバックアップ先フォルダ指定後、メニューの「バックアップ」から「バックアップ開始」でコピーが始まる。

ミラーリングにチェック

自動バックアップにチェック

「OK」をクリック

② 自動でバックアップさせるには、「設定」から「機能表示設定」を開き、「ミラーリング」と「自動バックアップ」にチェックを入れて「OK」をクリック。

「自動バックアップする」にチェックを入れる

バックアップする
間隔を指定する

③ 続いてメニューの「設定」から「環境設定」をクリックして、「自動バックアップする」にチェックを入れて、自動バックアップの間隔を設定しよう。

「詳細」をクリック

④ 保存先フォルダ設定画面で「詳細」をクリックすると、サブフォルダも含めるかどうかなど細かなバックアップ条件を指定できる。

同期

CHAPTER 3 : Synchronization

Dropboxの履歴もファイルも
完全に削除する方法

Dropboxの特徴的な機能の一つに「削除したデータの復帰」があるが、これは逆にプライバシーなどの情報を含んだファイルをいつまでもネット上に残してしまうという危険性も持っている。そこで、残したくないファイルをブラウザから完全消去しよう。

APP
Dropbox

① ブラウザからDropboxにアクセスしたら、左メニューから「削除したファイル」をクリックしよう。

② 削除したファイルが表示されるので、完全に削除したいファイルにチェックを入れて「完全に削除」をクリック。

③ メニューが表示される。「完全に削除」をクリックすると、サーバ上から完全に削除することができる。

急いで同期するときやHDD空き容量が少ない時は
同期フォルダを絞る

Dropboxに大量にファイルを保存すると、ハードディスク空き容量の少ないPCで同期したときに負担がかかる。同期するフォルダを絞り込もう。選択同期機能を利用することで、Dropbox上にある指定したフォルダのみを同期対象にすることが可能。

APP
Dropbox

① タスクトレイに常駐しているDropboxアイコンをクリックして、右上の設定アイコンをクリック。「基本設定」を選択。

② 基本設定画面の「同期」をクリックして、「選択型同期」をクリックする。

③ 同期設定画面が現れる。同期したいフォルダのみにチェックを入れて、「更新」をクリックしよう。チェックのないフォルダはPCにダウンロードされなくなる。

有料Dropboxユーザーなら
スマートシンクでHDD容量を節約しよう

スマートシンクはハードディスクの容量を節約するのに便利なDropboxの新機能。ハードディスク上に保存することなく、クラウド上にあるファイルを閲覧でき、また、選択したファイルのみダウンロードして編集することができる。ただし、利用できるのはDropbox Plusなど有料ユーザーのみ。

APP
Dropbox

① Dropboxの設定画面を開き、「同期」をクリックして「オンラインのみ」を選択する。これでスマートシンク機能が働く。

② スマートシンクが有効になると同期アイコンが灰色のクラウドマークに変化する。ファイル内容をサムネイル表示できるがハードディスクにはダウンロードされていない。

③ ファイル内容を完全に閲覧したり編集したい場合はファイルをクリックするとハードディスク上にダウンロードされ、アイコンが緑色に変わる。

CHAPTER 3 : Synchronization

094

こんな
用途に
最適！
▶ メール内容をクリップする
▶ メルマガ管理に便利
▶ メールを汎用性の高いファイル形式に変換

メールアプリとEvernoteを連携する

重要なメルマガやメールのみ
Evernoteに保存する

APP
Evernote

受信したメールの中から重要なメールのみEvernoteに保存したい場合は、Evernote for GmailやSparkを使おう。コピペなどの余計な操作なしでクリック1つで指定したノートブックにメール内容が保存できるようになる。

Gamilユーザーは「Evernote for Gmail」
メールアプリなら「Spark」を使おう

ブラウザ上からGmailを使っている場合は、「Evernote for Gmail」アドオンをインストールしよう。Gmailの画面から直接、特定のメールをEvernoteに保存できる。メールアプリの方を利用したいなら「Spark」がおすすめ。Evernoteと連携機能が用意されており、有効にすればクリック1つでEvernoteに特定のメールをテキストだけでなくPDF形式で保存することもできる。なお、Sparkは現在iPhone、Android、Macのみ対応している。

PC APP
Evernote for Gmail
作者 ● Evernote
価格 ● 無料
URL ● https://gsuite.google.com/marketplace/app/evernote_for_gmail/294974410262

iPhone APP
Spark
作者 ● Readdle Inc.
URL ● https://sparkmailapp.com/

Evernote for GmailやSparkを使う

クリックして
インストール

① GmailにEvernoteとの連携機能を追加するには、G Suite MarketplaceからEvernote for Gmailをインストールしよう。Gmailの受信トレイ右側にあるアドオン追加画面からでもアクセスできる。

クリックして保存先
のノートブックやタグ
を設定しよう

② ブラウザでGmailにアクセスしよう。画面右側にあるアドオン画面にEvernoteのアイコンが追加されている。クリックすると開いているメールをEvernoteに保存できる。

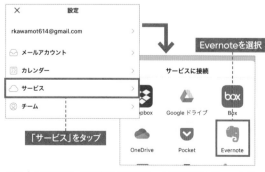

Evernoteを選択

「サービス」をタップ

① スマホでメールアプリを使うならSparkがおすすめ。Evernoteを連携するには、設定画面から「サービス」を選択して、「Evernote」をタップしよう。

保存形式を選択する

ノートブック
を選択する

② Evernoteに保存したいメールを開き、右下の「…」から「Evernote」をタップする。Evernoteが開くので保存先やファイル形式を指定しよう。

095

インポートフォルダ機能でDropboxに保存したファイルをEvernoteと同期する

Evernoteには指定したフォルダを監視し、フォルダ内で新しく生成されたファイルを自動でアップロードする機能がある。この機能で「カメラアップロード」フォルダを指定すれば、写真撮影後、自動でEvernoteに写真をアップできる。

APP
Evernote

1 メニューの「ツール」から「インポートフォルダ」を選択して、「追加」をクリック。

2 フォルダ参照画面でDropboxフォルダ内にある「カメラアップロード」フォルダを指定しよう。

3 フォルダが追加されたら「ノートブック」にて写真が添付されたノートの分類先を指定。「ソース」で「保持」にするとオリジナルファイルを残したままにしてくれる。

096

Evernoteと同等の機能を持ちつつEvernoteと同期できるメモアプリ

「Awesome Note」は多機能なiPhone用メモアプリ。ノートの背景選択やフォントの選択などカスタマイズ性が高く、またリマインダーやチェックボックスなどEvernoteと同等の機能を有している。Evernoteと連携でき、互いのアプリ内のメモを同期することが可能だ。

APP
Evernote

1 ノート画面では下部メニューの「i」をタップして背景やフォントを変更できる。チェックリストやリマインダー機能などメモ機能も充実。

2 Evernoteと連携するにはメイン画面左上の設定アイコンをタップして、「同期」からアカウント情報を入力しよう。

TOOL

Evernote対応メモアプリ

Evernoteと同期することが可能な高機能なiPhone用メモアプリ。デザイン性とカスタマイズ性が高いのが特徴だ。

Tool Awesome Note 2
作者●BRID 料金●370円
カテゴリ●仕事効率化
種別●iPhoneアプリ

097

サブアカウントを作って3台以上の端末でノートを共有

Evernoteのベーシックプランでは、1アカウントにつき2台の端末（PC、スマホ）までしかノートを共有することができない。だが、ノートまたはノートブックを共有状態にして、別に作成したEvernoteのアカウントと共有すれば、3台以上の端末でノートを共有することが可能だ。

APP
Evernote

1 共有したいノートブックまたはノートを右クリックして、メニューから「ノートブックを共有」を選択する。

2 サブアカウントで利用しているメールアドレスやユーザー名を入力して「共有」をクリックしよう。

3 ほかのPCやスマホのEvernoteでサブアカウントにログインする。すると共有したノートやノートブックを閲覧・編集することができる。

098

Everoteファイルのインポートとエクスポート

Evernoteのノート全体を
Dropboxにバックアップする

APP

Evernote

EvernoteのノートをDropboxにバックアップしておきたい場合は、ノートまたはノートブックを選択してエクスポートを選択すればENEX形式で出力できる。このとき、すべて添付ファイルやタグを含んでくれる。また、インポートする際はほかのEvernoteにENEXをドラッグ＆ドロップすればよい。

「ENEX形式
のファイル」
を選択する

「エクスポート」
をクリック

クリック

ドラッグ＆ドロップ

① バックアップしたいノートブックやノートを右クリックして「ノートをエクスポート」を選択する。

② エクスポート設定画面が表示される。「ENEX形式のファイル」を選択し、「エクスポート」を選択しよう。

③ バックアップしたENEX形式をEvernoteに戻すにはファイルをドラッグ＆ドロップすればよい。

上級

099

間違って削除したノートを復活する

オフラインでログインすれば
消えたノートが復活する

APP

Evernote

Evernoteで誤ってノートを削除し、ゴミ箱からも削除してしまった場合は、ほかの端末からオフライン状態でEvernoteを起動しよう。オフラインだと同期されることがないため、削除してしまった古いノートを見つけることが可能だ。

ノート内を検索

ショートカットに追加

「複製」をタップ

Siri ショートカットを作成

ノートを複製

① まずiPhoneやスマホ端末で機内モードにしてオフラインにする。その後、Evernoteアプリを起動する。

② 削除してしまったノートを探して開く。右下端のメニューボタンから「ノートを複製」をタップする。

③ オリジナルとコピーのノートがあるのが分かる。この後、オンラインにするとオリジナルは消えるがコピーは残ったままになる。

100

Googleドライブの空き容量を節約する

Googleの空き容量が少なくなったら
Gamilの添付ファイルをチェックしよう

APP

Googleドライブ

無料で利用できるGoogleドライブの容量は15GBだが、GmailやGoogleフォトなどほかのGoogleサービスと共用のため空き容量が少なくなりがち。上限を超えるとメールのやりとりも制限されてしまう。空き容量を増やすには添付ファイル付きのメールをまめに削除しよう。

「larger:10m」
と入力する

「older_than:5y」
と入力する

① Gmailから大きなメールのみ抽出するには、検索フォームに「larger:10m」と入力しよう。すると10MB以上のメールファイル（ほぼ添付ファイル付き）のみ検出できる。

② 指定した日時より前のメールのみ表示させたい場合、たとえば「older_than:5y」と入力すれば5年より前のメールをすべて検出できる。

③ 検索フォーム欄右にある検索設定画面からさらに細かくメール検索できる。添付ファイルのみ検索結果に表示させることもできる。

▶ **もっとストレージ容量を確保したい**
▶ **Googleサービスとの連携がスムーズ**
▶ **Googleドキュメントアプリが利用できる**

101

G o o g l e ドライブをD r o p b o x のようなストレージとして使用する

無料で15GBの容量が使えて
機能も豊富なGoogleドライブ

Googleドライブは無料で15GBの容量を利用できるストレージサービス。ほかのGoogleサービスとの連携性が高く、Gogoleドライブ上にあるファイルを素早く共有させることができる。Googleユーザーにおすすめだ。

Google ドライブ `APP`

15GBフルに利用するなら
Googleの新規アカウントを取得しよう

Googleドライブは無料で15GBのストレージを利用できるが、注意したいのはGmailとの共用ストレージであること。つまり実際に利用できる容量は少ない。もし15GBいっぱい利用したい場合は、普段使っているGmail用アカウントとは別に新規アカウントを取得しよう。また、有料プランGoogle Oneなら月額250円で100GB、月1300円で2TBと割安。

Googleドライブにアクセス
すでにGmailを使っているなら、右上メニューボタンをクリックして「ドライブ」からGoogleドライブの利用は可能。

メニューから「ドライブ」をクリック

クリック

クライアントアプリをダウンロード
右上の設定ボタンから「デスクトップ版ドライブをダウンロード」をクリックしよう。

PC版Googleドライブを使ってみよう

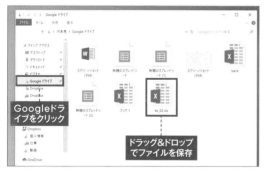

Googleドライブをクリック

ドラッグ&ドロップでファイルを保存

① インストールすると、Dropbox同様個人フォルダ以下にGoogleドライブ専用のフォルダが作成される。ここにファイルを保存していくだけでよい。

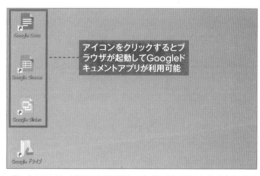

アイコンをクリックするとブラウザが起動してGoogleドキュメントアプリが利用可能

② デスクトップに作成されるGoogleサービスのアイコンをクリックすると、Googleドキュメントが利用できる点がDropboxと異なる。

③ 空き容量をチェックするにはブラウザでGoogleドライブを開き、左下の「保存容量」を確認しよう.

④ モバイル端末からでも利用可能。iOS、Android両方のOSで専用クライアントアプリが配布されているのでダウンロードしよう。

こんな
用途に
最適！
▶ 複数の端末でブックマークを共有したい
▶ PCとスマホを同じブラウザ環境にしたい
▶ パスワードや履歴も共有したい

ブックマークを簡単に同期できるブラウザ「Chrome」

複数デバイスで
ブックマークやタブを同期する

APP
Chrome

PCやスマホで使っているブラウザのブックマークは常に同じ状態にしておきたいもの。Googleが提供しているブラウザ「Chrome」を使おう。同一アカウントでログインすることで、すべてのデバイスでブックマークやタブなどのブラウザ情報を同期できる。

Gooogleアカウントで
紐付けてデータを同期する

「Chrome」はGoogleが提供しているシンプルで軽快なブラウザとして知られているが、データの同期機能が優れている点も忘れてはならない。同じGoogleアカウントを使ってChromeにログインすることで、複数のパソコンおよび携帯端末でブックマークを同期することが可能。ほかに閲覧履歴、自動入力パスワード、テーマ、現在開いているタブなども同期できる。

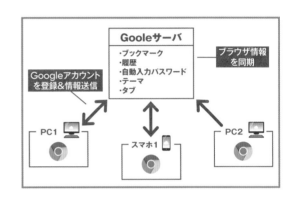

ChromeのブックマークをGoogle経由で同期させる

Chromeの設定画面から
同期項目を選択する

同期を行うには、Chromeのインストール後、Chromeの設定画面にある同期設定項目にチェックを入れていけばよいだけ。初期設定ではブックマークを含めたあらゆるデータが同期されることになるが、同期項目を絞り込むことも可能。このときGoogleアカウントへのログインが必要になるので、事前にGoogleアカウントは必ず取得しておこう。

1 Chromeの「設定」画面を開き、「Chromeにログイン」をクリックし、データの同期に利用するGoogleアカウント情報を入力する。

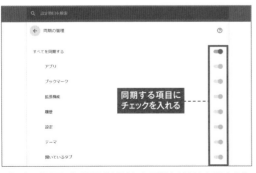

同期する項目に
チェックを入れる

2 同期項目の管理画面が表示される。同期する項目を有効にしよう。すべて同期するなら「すべてを同期する」を有効にする。

3 iPadのChromeの場合、右上のメニューボタンをタップして「設定」を選択し、「同期とGoogleサービス」画面で同期項目の設定が可能だ。

103

こんな
用途に
最適!
▶ 同期なしでオンラインストレージを利用する
▶ ハードディスク容量を節約できる
▶ クライアントをインストールする必要がない

クラウドストレージをWebDAV化して使う

WebDAV機能で外付け
HDDのように利用できるストレージ

> Windows10のWebDAV機能を使えば一部のオンラインストレージを外付けディスクをマウントしたように使うことが可能。対応サービスはまだ多くないが、利用するとPCのハードディスクを消費せずクラウド上のファイルを扱えるようになる。

WebDAV対応のクラウドサービスを使いこなそう

　クラウドストレージサービスの中には「WebDAV対応」と説明されているものがある。代表的なものとしてはTeraCLOUDやBoxだ。WebDAVとはインターネットなどネットワーク上に保存されているファイルをPC上から操作できる機能だ。同期と異なり、PC上にファイルをダウンロードする必要がないため、ストレージを消費することがない。つまり、外付けディスクのようにクラウドストレージを利用できるのがメリットだ。

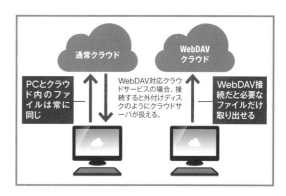

クラウドサービスにWebDAV接続をしてみよう

① ここではWebDAVに対応している「TeraCLOUD」を例に説明する。まず各クラウドサービスのWebDAV用URLをメモしておこう。

② Windows10の場合、「PC」画面を開き上部ツールバーから「ネットワークの場所の追加」をクリックしてウィザードを進める。

③ 「インターネットまたはネットワークのアドレス」でメモしたURLを入力。続いて表示されるログイン画面でクラウドサービスのログイン情報を入力すればWebDAV化完了だ。

④ 設定が終わったらエクスプローラから「PC」を開こう。するとクラウドサービスのネットワークフォルダが追加されている。クリックするとサーバにアクセスできる。

同期

CHAPTER 3 : Synchronization

情報伝達に必要なファイルや
情報をクラウドで
共有 する

クラウド上のデータを共有して、
グループ内の情報伝達をスムーズに

　クラウドサービスは、文書やスケジュールなどの様々なデータをインターネット上のサーバへ保存することで、場所を選ばずに同一データを扱えるという利点がある。この特徴を活かし、データを他のユーザーへ公開（共有）し、ファイルの受け渡しや共同作業を行うといった活用法も提供されている。データを共有することで、クラウドの活用法はさらに広がってくる。

　たとえば、友達と行く旅行の資料やプロジェクトの進行状況を公開して情報を共有したり、カレンダーを共有することでスケジュールの調整もしやすくなる。グループ内の情報伝達が必須のシーンで、クラウドの共有機能は威力を発揮する。

こんな
用途に
最適！

▶ ほかのユーザーとノートを共有できる
▶ 共同作業がスムーズに行える
▶ チャット機能でリアルタイムで共同編集ができる

仕 事 に 必 要 な E v e r n o t e ノート を 共 有・送 信 す る

Evernoteのノートを
共有して情報を伝達する

思いついたアイデアやネット上の情報を手軽に登録するのに便利な
Evernoteには、作成したノートを他のユーザーと共有する機能があ
る。活用すれば、プロジェクト内での情報共有がより円滑かつ効率的
に進むようになるだろう。

APP
Evernote

便利なノートの共有を
使いこなそう！

Evernoteで作成したノートは他の人と共有する
ことができる。共有状態にしたノートは閲覧するだ
けでなく、「ワークチャット」という場所にコピーさ
れ、編集を許可したユーザーと共同編集することが
可能となる。進行管理表やミーティングの議事録の
共同編集などに利用しよう。ただし、編集を行うに
はお互いにEvernoteのユーザーである必要がある。

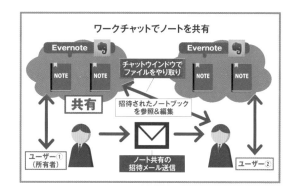

ワークチャットでノートを共有

ノートを共有状態にしてほかのユーザと共同編集する

① 「共有」をクリック
② 「ノートを共有」をクリック

① ほかのEvernoteユーザーと共有したいノートを開いたら、右上の
「共有」をクリックして、「ノートを共有」をクリックしよう。

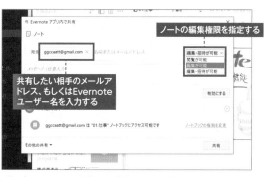

ノートの編集権限を指定する
共有したい相手のメールア
ドレス、もしくはEvernote
ユーザー名を入力する

② ワークチャット設定画面。共有したいユーザーのメールアドレスもし
くはユーザー名を入力し、右上のプルダウンメニューから「共有権
限」を指定して「共有」をクリック。

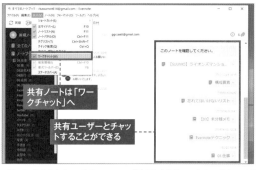

共有ノートは「ワー
クチャット」へ

共有ユーザーとチャット
することができる

③ 共有されたノートはメニューの「表示」から「ワークチャット」にコピ
ーされる。クリックするとチャットウインドウが開き、共有ユーザー
とチャット形式で編集作業を進めることになる。

④ 共有したノートはスマホ版Evernote
からも閲覧でき、ワークチャットでメ
ッセージをやり取りすることが可能
だ。

共有

CHAPTER 4 : Sharing

105

こんな
用途に
最適！
▶ 手軽に情報を発信できる
▶ メモした内容を不特定多数へ公開できる
▶ 特定のノートのみ公開することができる

ノートを公開してブログ代わりに利用する

ノートを不特定多数のユーザーへ
公開して簡易ブログにする

APP
Evernote

Evernoteのノート共有には、先述した特定のユーザーへの共有機能のほかに、不特定多数のユーザーへ公開する機能もある。この機能を使うと共有ノートを簡易的な情報発信ツールとして活用できる。ブログやホームページの代わりとして使ってみよう。

公開URLを発行することで
誰でもノートを閲覧できる

EvenoteではEvernoteユーザー同士でノートを共有するだけでなく、閲覧するだけなら外部ユーザーにも公開できる。ノートに対して公開用のURLが発行され、外部ユーザーは発行されたURLにアクセスすることで閲覧できるしくみだ。またノートブックも公開URLを発行して外部に公開することが可能で、共有ノートブック以下にあるノートはすべて閲覧できる状態となる。

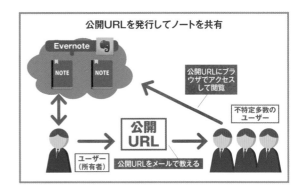

公開URLを発行してノートを共有

ノートやノートブックを外部に公開する

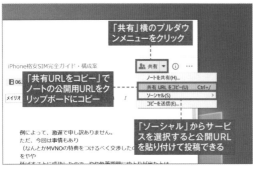

1 ノートを公開する場合は、メニューの「共有」横のプルダウンメニューから「共有URLをコピー」、もしくは「ソーシャル」から公開URLを作成できる。

2 ノートブックを共有する場合は、ノートブックを右クリックして「ノートブックを共有」をクリック。

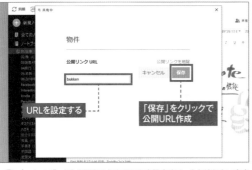

3 ノートブックを公開するためのURLを設定する。分かりやすい文字列を入力して「保存」をクリックすれば公開用のURLが作成される。

4 続いて表示される画面で「コピーする」をクリックするとクリップボードに公開URLがコピーされるので、URLにアクセスしよう。

ノート履歴からデータを復元しよう

誤ってノート内容を上書きしたときは
ノート履歴から以前の状態に戻そう

Evernoteにはノートの編集履歴を閲覧できる機能があり（プレミアム会員のみ）、昔のノートの状況を閲覧したり、また復元することが可能。なお復元作業は現在のノートを上書きするのではなく、新規ノートとして別に作成される。

APP
Evernote

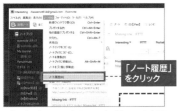

1 プレミアム会員ユーザー側でノートを開き、メニューの「ノート」から「ノート履歴」をクリック。

2 ノートの履歴画面が現れる。現在のバージョンが一番上になり、下のものほど古いノート内容となる。閲覧したい履歴をクリックしよう。

3 クリックした時間のノートの内容が表示される。プルダウンメニューからより詳細な履歴変更が可能。「インポート」をクリックするとそのバージョンのノートが新規作成される。

リマインダーを共有してToDoをグループで管理

共有ノートにリマインダー設定をして
参加者に一斉通知する

Evernoteで共同で編集作業をしているノートに対してもリマインダーを追加することができる。設定すればそのノートを共有しているEvernoteユーザー全員に通知される。なおリマインダーは、ノートの編集権限があるユーザーであれば誰でも設定可能だ。

APP
Evernote

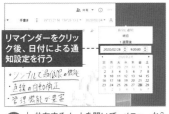

1 共有するノートを開いて、メニューから「リマインダー」をクリックして、通知設定を行う。

2 ノートの共有設定画面を開き、相手の名前（メールアドレス）を入力して、「共有」をクリック。これで相手とノートの共有状態となる。

3 リマインダーで設定した時刻になると、設定したユーザーだけでなくノートを共有しているユーザーにも通知が届く。

職場の仲間で飲食店情報を共有する

不味いお店の情報も外部に公開せず
身内で情報を共有できる

職場やサークルなど身内だけで評価に関する情報を共有したいときにEvernoteは便利。Amazonや楽天のレビューのように外部公開する必要がないので、気兼ねなくネガティブな情報も書き込むことができる。職場近くの飲食店情報を共有したいときなどにおすすめだ。

APP
Evernote

1 店舗情報を共有するなら、位置情報が簡単に付けられるスマホ版Evernoteを使おう。ノートに情報を付けた後、「i」をタップ。

2 地図アプリが起動する。飲食店の位置情報を表示してピンをドロップしておくと共有するときに便利。

3 ノート編集画面上の共有ボタンからのノートを共有することが可能だ。

109

こんな
用途に
最適！
▶ 複数のユーザーとファイルを共有したい
▶ 共有したファイルを共同編集したい
▶ 共有ユーザーごとに編集権限の差を付けたい

Dropboxのフォルダ共有機能を活用する

プロジェクトに必要な
ファイルを共有して共同編集

APP
Dropbox

Dropbox内のフォルダは、ほかのDropboxユーザーと手軽に共有することが可能。共有フォルダ内のファイルを共有しているユーザー全員が更新できるので、特にグループで進めているプロジェクトに必要なファイルを共同編集するときに便利だ。

ほかのDropboxユーザーと
共同で利用するフォルダを作成する

　ほかのDropboxユーザーと特定のフォルダを共有したい場合はフォルダ共有機能を利用しよう。共有されたフォルダには共有マークが付き、ほかのユーザーのPC内でも同期が始まり、共有中のすべてのユーザーがファイルを改変できるようになる。なお招待されたユーザーが共有フォルダを承認すると、そのサイズ分だけ自分のDropbox容量も消費するので注意が必要だ。

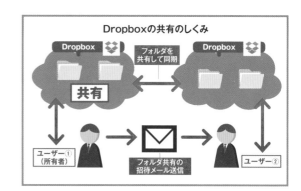

Dropboxの共有のしくみ

Dropboxの任意のフォルダを招待ユーザーと共有する

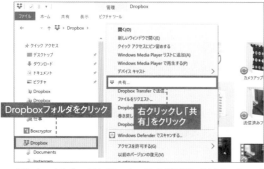

① エクスプローラ上でDropboxフォルダを開き、共有したいフォルダを右クリックし「共有」をクリック。

② 共有したいDropboxユーザーのメールアドレスを入力して「共有」をクリック。

③ 共有相手宛に招待メールが届く。相手が承認すると共有開始。ブラウザでDropboxを開くと共有フォルダに分類されている。

④ 共有設定を変更したり、共有を停止したい場合は、所有者のDropboxページから共有フォルダのオプションを開いて設定を行う。

110

転送機能でファイルを共有しよう

共同編集しないファイルは
Dropbox Transferで共有する

完成した原稿や請求書など共同編集が不要なファイルを他人に送付したい場合は「Dropbox Transfer」を利用しよう。ダウンロードURLをクリックしてファイルをダウンロードしてもらう方法で、パスワードも設定できる。また、作成したダウンロードURLは7日後に自動で消える。リンクの共有（P74）とうまく使い分けよう。

APP

Dropbox

1 Dropboxの右クリックメニューから「Tranfer」をクリックし、「転送を作成」をクリックする。

2 ファイル追加画面が表示される。追加ボタンをクリックして共有したいファイルを追加しよう。Dropbox上だけでなくローカルにあるファイルも追加できる。

3 ダウンロードURLが作成される。このURLをダウンロードしてもらいたい人に送信しよう。無料プランでは100MBまでのファイルを送信できる。

111

Dropboxでフォルダを共有する際に注意すべきポイント

共有フォルダ内にユーザー別フォルダを
作成しておこう

Dropboxでほかのユーザーと共有作業をする際には色々注意したいことがある。たとえば、共有フォルダ内でファイル移動する際は「コピー」で移動するようにすれば、ファイルの消失を防げる。ここでは特に覚えておきたい注意事項を紹介しよう。

APP

Dropbox

1 共有するフォルダ内にはユーザーごとに作業フォルダを作っておくこと。これで各ユーザーが操作したファイルの区別が付くようになる。

2 共有フォルダ内でファイルを移動する際はコピー移動しよう。ドラッグ&ドロップで移動すると元フォルダ内のファイルがなくなってしまい、共有ユーザーが困る。

3 共有を解除するときに、相手のフォルダから共有ファイルを強制削除する場合は、解除メニューで「〜コピーを保管することを許可する」のチェックを入れる。

112

他のユーザーからファイルを収集する

「ファイルリクエスト」で不特定多数の
人からファイルを集める

不特定多数の人からファイルを収集したいときには「ファイルリクエスト」を使おう。ほかの人に自分のDropboxにファイルをアップロードしてもらう機能で、Dropboxアカウントを所有していないユーザーからファイルをアップロードしてもらうこともできる。ただし、アップロードされたサイズ分だけ空き容量を消費するので注意しよう。

APP

Dropbox

1 ブラウザでDropboxのページを開き、「ファイル」をクリックし「ファイルリクエスト」をクリック。右の「ファイルをリクエスト」をクリックしよう。

2 ファイルリクエストに利用するフォルダを設定する。「タイトル」に名前を付けて新たに作成するか、既存のフォルダを選択して「次へ」をクリックしよう。

3 ファイルリクエスト用のURLが発行される。これをコピーしてファイルをアップロードしてもらいたい人に送信しよう。

113

こんな
用途に
最適!
▶ 大容量のファイルを手軽に送信できる
▶ 不特定多数のユーザーがダウンロードできる
▶ さまざまな手段でリンクを教えることが可能

リンク共有機能でファイルを受け渡す

メールで送れない大容量ファイルを
Dropbox経由で送信する

APP
Dropbox

何百MBもある原稿ファイルなどメールに添付して送信するのが難しいときに役立つのがDropboxのリンク共有機能。指定したファイルに公開URLを発行すれば、相手はURLをクリックするだけでDropboxのサーバからダウンロード可能だ。

Dropboxユーザー以外でも
簡単にダウンロードが可能!

　DropboxではDropboxユーザー同士がファイルを共有するだけでなく、公開URLを作成することで誰でもファイルをダウンロードできる。方法は簡単で、共有したいファイルを選択して、右クリックメニューから「Dropboxリンクをコピー」を選択すれば、ダウンロードURLがクリップボードにコピーされる。あとはメールやメッセンジャーに貼り付けて送信すればよい。

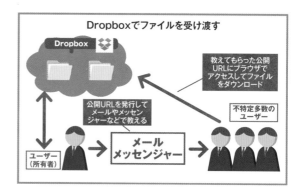

Dropboxでファイルを受け渡す

教えてもらった公開URLにブラウザでアクセスしてファイルをダウンロード

公開URLを発行してメールやメッセンジャーなどで教える

不特定多数のユーザー

ユーザー（所有者） → メール メッセンジャー →

送信したいファイルに対して共有リンクを作成しよう

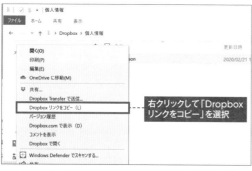

右クリックして「Dropbox
リンクをコピー」を選択

① Dropboxフォルダ内から共有リンクを作成したいファイルを右クリックして「Dropboxリンクをコピー」をクリック。

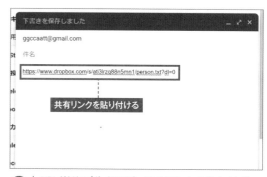

ggccaatt@gmail.com

https://www.dropbox.com/s/ati3lrzq88n5mn1/person.txt?dl=0

共有リンクを貼り付ける

② URLがクリップボードにコピーされるので、メールやメッセンジャーアプリなどにURLを貼り付けて、送信しよう。

ダウンロード ▾

直接ダウンロード

Dropbox に保存する

「ダウンロード」をクリックでダウンロード

③ 受け取った共有リンクをクリックして、ブラウザで開けば閲覧したり、ダウンロードすることが可能だ。

「動画」の設定

フォルダ設定　　閲覧用リンク

Dropbox Professional にアップグレードすると、すべてのリンク設定が利用できます。

リンクを知っているユーザーが閲覧できます　　リンクを削除

アクセスできるユーザー

共有ボタンをクリックしてリンク設定を解除する

有効期限

④ なお共有リンクを削除する場合は、Web版Dropboxにアクセスして、ファイル名横にある共有ボタンをクリック。「リンクを削除」をクリックして解除できる。

フォルダ単位で
Dropbox内のファイルを受け渡す

前ページではファイル単体での共有リンク作成を紹介したが、フォルダ単位での共有リンクの作成も可能。方法も同じで共有したいフォルダを右クリックして「Dropboxリンクをコピー」を選択すればよい。解除も同じくWeb版Dropboxの「リンク」画面から行える。

APP
Dropbox

フォルダを右クリックして「Dropboxリンクをコピー」をクリック

共有リンクを貼り付ける

1 Dropboxフォルダを開き、共有したいフォルダを右クリックして「Dropboxリンクをコピー」をクリック。

2 URLがクリップボードにコピーされているので、メールやメッセンジャーアプリなどにURLを貼り付けて、送信しよう。

3 相手がURLをクリックして開いたところ。右上の「ダウンロード」から「直接ダウンロード」でまとめてダウンロードできる。

Googleフォトで写真ギャラリーを作成して
外部公開しよう

Googleフォトは、アップロードした写真をアルバムごとに分類し、各アルバムを不特定のユーザーで共有することができる。ダウンロードするだけでなく、スライドショーを流したり、Googleアカウントを持っていればアルバムを編集することも可能だ。

APP
Googleフォト

②公開用のアルバムを作成しておく

①「アルバム」をクリック

「オプション」をクリック

有効にする

共有リンクをコピーする

1 Googleフォトにログインしたら、左メニューから「アルバム」をクリック。右上のメニューの「アルバム」から公用のアルバムを作成しよう。

2 作成したアルバムを開き、右上のメニューから「オプション」を選択する。

3 オプション画面が現れる。「共有」を有効にすると表示される共有リンクをコピーして、ほかのユーザーに知らせよう。

豆テク

Dropboxの内蔵ビューアならフォトショップや
イラストレーターのファイルも開ける

ブラウザ版のDropboxはビューアが非常に便利。画像、動画、音楽、オフィスファイルなど、あらゆるファイルをブラウザ上で表示することができる。ai、psd、pptx、keyなど特殊形式のファイルも表示可能。再生環境が不十分な人にフォトショップやイラストレーターのファイルを見てもらうときに便利だ。

APP
Dropbox

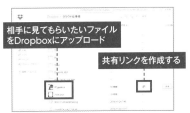

相手に見てもらいたいファイルをDropboxにアップロード

共有リンクを作成する

1 イラストレーターのaiファイルやフォトショップのpsdファイルは、相手の端末環境によっては開けないことが多い。そんなときにDropboxをうまく使おう。

2 相手に見てもらいたいファイルをDropboxにアップロードする。あとは共有リンクを作って相手にファイルの共有リンクを教えよう。

3 相手がDropbox上のファイルに直接アクセスすれば、きちんとファイルを表示することが可能だ。

グループで1つのドキュメントを共同編集

Googleドライブの共有機能を使って エクセルやワードを共同編集する

APP
Googleドライブ

オフィスファイルを共同編集するならクラウドサービスに「Googleドライブ」を使うのがおすすめ。ストレージ機能だけでなくブラウザ上で直接ドキュメントファイルの作成、編集ができる。公開設定も細かく指定することが可能だ。

複数のユーザーとリアルタイムで編集ができる

Googleドライブは、「Googleドキュメント」にファイルストレージ機能を追加したクラウドサービス。ストレージ内にあるファイルをダウンロードする必要なく、クラウド上で直接編集できるのが最大の特徴だ。共同編集も可能で、招待したGoogleユーザーとリアルタイムでクラウド上で編集ができる。各店舗の売上や日報を社員全員で入力するときなどに効果抜群のサービスだ。

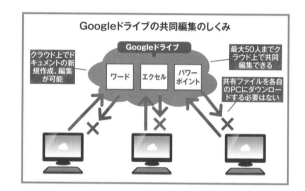

Googleドキュメントの文書を共有して共同編集する

ドキュメントファイルを編集する場合はファイル形式を変換

Googleドライブでは、Microsoftのオフィスファイル（ワード、エクセル、パワーポイント）をアップロードして閲覧することが可能。しかしブラウザ上で直接編集する場合は、Google独自のファイル形式にファイルを変換する必要がある。また、ほかのGoogleユーザーと共同編集する場合もGoogleドキュメント形式に変換する必要がある。ダウンロード時にはOffice形式で保存できるので安心だ。

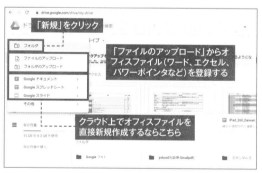

① Googleドライブでオフィスファイルをアップロードするには「新規」をクリックして「ファイルのアップロード」からファイルを登録しよう。

② アップロードしたファイルを開く。閲覧するだけならそのままでよいがブラウザ上で編集する場合は、エクセルの場合は「アプリで開く」から「Googleスプレッドシート」を選択。

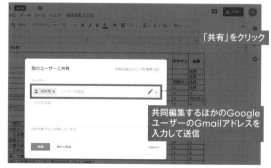

③ ビュー画面から編集画面に切り替わる。右上の「共有」をクリックして、共同編集したいユーザーのGmailアドレスを入力して送信すれば共同編集が可能となる。

いつ誰が文書を編集したかを確認する

Googleドライブの共同編集ファイルの
編集履歴を確認する

Googleドライブでファイルを共有して作業していると、そのファイルをいつ誰が更新したかが分からなくなってしまう。そこで共有したファイルの作業履歴を確認する方法を覚えておこう。なおリアルタイムで編集中の箇所を確認することもできる。

APP
Googleドライブ

共同編集しているユーザーが
編集中の場所はカラー表示

1 Googleドライブで共同編集を行うと、リアルタイムでほかのユーザーが編集している箇所を名前のポップアップと色付き枠で示して教えてくれる。

変更履歴を確認する
場合はここをクリック

2 変更履歴を確認するには、編集画面上部にある「変更内容をすべてドライブに保存しました」のリンクをクリック。すると変更履歴と編集した詳細な箇所を表示してくれる。

「この版を復元」でそのときのファイルの状態に戻す

クリックして変更場所の詳細を確認する

3 「この版を復元」をクリックすると、そのときのファイルの状態に戻すことが可能。また「変更を表示」からより詳細な変更履歴を確認できる。

ドキュメントをメールで送信したり、一般に公開する

クラウド上で共同編集したドキュメントを
不特定多数ユーザーへ公開する

Googleドライブで共同編集したドキュメントファイルを外部に公開することも可能。共有したいファイルを選択したら、上部メニューの「共有」をクリックすると公開用のURLが発行される。なおファイルの公開レベルは変更できる。

APP
Googleドライブ

共有ボタンをクリック

1 共有したいファイルを開いたら、右上にある共有ボタンをクリックする。

プルダウンメニューを開く

「詳細」をクリック

2 共有設定画面が現れる。プルダウンメニューをクリックして「詳細」をクリック。

Googleログイン不要。発行されるURLから誰もがファイルやフォルダにアクセスできるが、検索はできない。電話帳に登録されていない電話番号のようなもの

3 共有するファイルの公開設定を行おう。メールやメッセージで知り合いにURLを教えるなら「オン-リンクを知っている全員」にチェックを入れておこう。

Googleドキュメントを提案モードで編集する

豆テク

共同編集する際には提案モードにすれば
相手との編集が円滑になる

Googleドキュメントでほかのユーザーと共同編集する際、自分の意見を提案したいときに便利なのが「提案」モード。指定した箇所を黄色でマーキングし、自分のコメントを表示させることができる。コメントに対しては返信することも可能。共同編集がスムーズに行えるだろう。

APP
Googleドライブ

「提案」をクリック

1 共同編集しているGoogleドキュメントを表示したら、右上の鉛筆アイコンをクリックして「提案」をクリック。

範囲選択する

コメントを入力する

2 提案モードに切り替わる。提案コメントを付けたい場所を範囲選択。コメント欄が表示されるので共同編集相手へのコメントを入力しよう。

Ryo Kawamoto
21:18 今日

変更はどうでしょうか

3 共有相手のドキュメント画面。提案した箇所が黄色くマーキング表示され、コメントが表示される。コメントに対して返信することができる。

こんな
用途に
最適！

▶ グループでスケジュールを共有したい
▶ 便利なカレンダー情報をインポートできる
▶ 相手のスケジュールを確認したい

グループ共通のスケジュールを共有して管理する

カレンダーを共有して同僚や
メンバーの予定を確認する

APP
31 Googleカレンダー

ビジネスでもプライベートでも、何かイベントを計画する上で、参加メンバーのスケジュール調整は重要な作業。Googleカレンダーの共有機能を活用すれば、お互いの公式スケジュールを把握でき、コミュニケーションの円滑化にも一役買ってくれる。

Googleカレンダーでお互いの
スケジュールを共有する

　イベントやプロジェクト進行の際に意外とやっかいなのが参加者のスケジュール調整。予定を個別に聞いて日程を調整するのは面倒だ。そこで活用したいのが「Googleカレンダー」。Googleカレンダーは共有機能を搭載しており、自分のスケジュールだけでなく、ほかのユーザーが作成したGoogleカレンダーのスケジュールを表示することが可能。

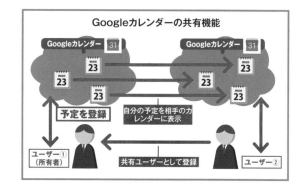

Googleカレンダーの共有機能

▍ Googleカレンダーの共有設定を変更しよう

特定の人たちとスケジュールを
共有するなら限定公開設定にする

　Googleカレンダーを共有するには、各カレンダーの共有設定画面で公開設定を変更する必要がある。不特定多数の人に向けて一般公開のほか、特定のユーザーのみにカレンダーを公開する限定公開も可能。仕事のグループでスケジュールを共有する場合は限定公開を行おう。相手がカレンダーの共有を承認すれば、相手のGoogleカレンダーに自分のカレンダーが表示される。

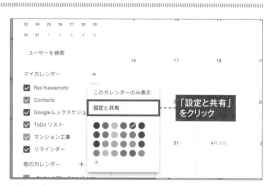

1 共有したいカレンダー名の横にあるプルダウンメニューを開き、「共有と設定」をクリック。

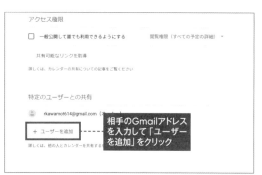

2 「特定のユーザーと共有」で「+ユーザーを追加」をクリックして共有するユーザーのGmailアドレスを入力して送信しよう。

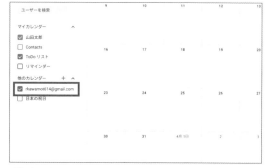

3 共有を許可した相手のカレンダー画面。「他のカレンダー」の部分に自分のカレンダーが表示される。予定も表示される。

作成したマイマップをグループで共有して利用する

Google Mapsの地図にルートを描き込んで
相手と共有する

案内地図をクライアントに渡す際、ルートも描かれていれば親切丁寧。Google Mapsのマイマップ機能を使えば、地図上にルートを描いて保存し、共有したり公開したりすることが可能だ。なお作成した地図はGoogleドライブに自動的に保存される。

1 Googleマイマップのページにアクセスしたら「新しい地図を作成」をクリックして地図作成ページを開く。

2 地図作成画面が現れる。出発点と目的地を指定し、移動手段を決めたら直接地図上にマウスカーソルでルートを描こう。

3 作成した地図はGoogleドライブに自動保存されている。地図を選択して共有ボタンから地図を共有することが可能。

ボイスレコーダーで会議を録音、共有

iPhoneに保存している写真やボイスメモを
素早くDropboxに保存する

iPhoneの「ボイスメモ」アプリに保存しているファイルは、共有メニューから直接Dropboxにアップロードできる。保存先のフォルダも自由に選ぶことが可能。録音した会議の議事録などを共有フォルダに保存しておくと便利。

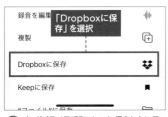

1 ボイスメモでDroboxに保存したいファイルを開き、共有ボタンから「Dropboxに保存」を選択しよう。

2 Dropbox保存画面ではデフォルトではDropboxメインフォルダに保存されるが、サブフォルダに変更することも可能。

3 「別のフォルダを選択〜」をタップしてサブフォルダを選択して、「選択する」をタップしよう。

WindowsでもMacのiWorkソフトを扱える

iCloud.comを使えば
Macのオフィスアプリを使うことが可能

Pages、Keynote、NumbersといったMac専用のオフィスアプリは、通常Windows環境では利用できないが、Appleのクラウドサービス「iCloud.com」を利用することでブラウザ経由で利用が可能。iCloud.comでは、共同でオフィスファイルをリアルタイム編集をすることも可能だ。

1 iCloud.comを利用するには、Apple IDを作成する必要がある。トップページ下にあるリンクから作成を行おう。

2 iCloud.comにログインしてワープロアプリのPagesを起動したところ。ブラウザ上で利用できる。右上の人形アイコンからほかのユーザーと共同編集が可能だ。

TOOL Apple運営のクラウドサービス

Appleのクラウドサービス「iCloud」をブラウザから利用できるサイト。Apple IDを取得すればWindowsユーザーでも利用できる。

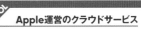

Site **iCloud.com**
会社●アップル　URL●http://www.icloud.com

125

こんな用途に最適！
- ▶ Facebookユーザーと共同作業をできる
- ▶ ビジネスに便利な機能満載
- ▶ リアルタイムでコミュニケーションできる

グループ間で情報を多角的に共有できる！

Facebookのグループ機能で
ミーティングを効率化

Web
Facebook
https://www.facebook.com/

国内ではTwitterと並んで人気のSNS「Facebook」。そのグループ機能は、小規模グループのコミュニケーションツールとしても優秀で、ビジネスでも趣味でも利用できる。グループでのやりとりを円滑に薦めたいなら、メンバー全員がFacebookで繋がっておこう。

顔を合わせずとも
円滑なグループワープが可能

　ミーティングやグループワークを円滑に行ないたいなら、Facebookのグループを活用しよう。グループ作成は誰でも行なえる基本機能で、左メニューからグループを作成して、友だちリストからメンバーを追加するだけでいい。なお、グループの公開範囲も設定できるため、社外秘のプロジェクトの場合は「秘密」や「非公開」にしておけば、情報は外部に漏れることはない。

投稿メニュー。ファイルを投稿したり、アンケートを作成できる

グループのメンバーとリアルタイムでコミュニケーション

参加しているグループの投稿、メンバーを確認したり、アクティビティを確認できる

多機能で効率的なグループ機能を使いこなす

グループの情報（説明やカバー写真など）を設定していこう

こちらから新規グループを作成

① 左メニューの「グループ」をクリックして「グループを作成」をクリック。グループの情報を設定しよう。

② グループへファイルや写真を投稿することもできる。PCから選択や、Dropboxからの共有も可能だ。ファイルは更新しての再アップロードなども可能と、取り扱いは柔軟。

③ アンケート機能もまた便利だ。複数人の意見を効率良く集めることができるため、グループワークをより円滑に進められる。

メンバーの追加はこちらから

④ グループメンバーとのチャットで、リアルタイムなやりとりが可能。また、「メンバーを追加」からメンバーを追加できる。

こんな用途に最適！
▶ Facebookユーザー同士でイベントを行いたい
▶ イベントの告知を手軽に行いたい
▶ イベント参加者を確認したい

友だちを招待してイベントを楽に主催

イベントの告知と人数管理を効率良く行なう

人気のSNS「Facebook」ではユーザー間のコミュニケーション機能も充実している。そのひとつがイベント機能だ。主催者はイベントを作成して、指定した友だちにイベントへの参加可否の募集が可能。参加人数を確実に把握することができる。

Web
Facebook
https://www.facebook.com/

Facebookを使ってイベントを楽に開催

イベントを開催するのは楽しいものだが、参加人数を把握したり、管理したりするのが大変だ。そこでFacebookのイベント機能を利用しよう。Facebookではイベントを作成し、友だちを誘って参加可否を募ることができる。主催は参加予定の人物、人数がわかるため、規模や予算などの計算がしやすい。また、連絡事項の周知も手軽にできるため、主催のハードルはぐんと低くなるはずだ。

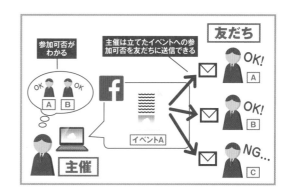

イベントを主催して友だちに参加可否を求める

① Facebookのメインページを表示して「イベント」をクリック。イベントの作成画面で「+イベントを作成」をクリックする。

② イベントの名前や詳細、場所、日時などを入力し「○○イベントを作成」をクリック。

「シェア」から「友達を招待」を選択する

③ イベントが新規作成されるので、内容を確認できたら「シェア」から「友達を招待」をクリックしよう。

招待したい人にチェック

④ 友だちリストが表示されるので、招待したい人にチェックを入れて「招待を送信」をクリック。イベントへの招待が送信される。

127

グループでのタスク管理を
ブラウザ経由で手軽に行う

App
Trello
https://trello.com/

「Trello」は、おもに仕事におけるグループワークに特化したクラウドサービス。個人のタスク管理だけでなく、チーム単位で行うタスクの進行状況を共有できる。相手側でタスクが更新されると同時に自分側の画面も更新される。ブラウザベースで利用できるほか、スマホ用のアプリも配信されている。

「チームを作成」をクリック

相手のメールアドレスを入力する

1 ここでは、チームでタスク管理する際の方法を紹介しよう。ホーム画面左側にある「チームを作成」をクリックしよう。

2 チーム作成画面のあとに招待画面が表示される。共同作業する相手のメールアドレスを入力してTrelloへの参加メールを送信しよう。

3 相手が承認すると共同作業ができる。相手側でタスクが更新されると自分の画面側も自動的に更新される。タスクには期限を設定したり、ラベルを付けることができる。

128

オンラインホワイトボードで
クラウド会議する

Site
Mural.ly
https://mural.ly/

文字を書いたり、付箋を張ったりというホワイトボードのレイアウトの自由さ、そして使い勝手の良さをクラウド上で再現したサービス。個人利用で月額12ドルからの有料サービスだが、30日間は無料でトライアルすることができる。

メールアドレスを入力して登録。30日の無料トライアルを利用できる

1 メールアドレスで無料トライアルを開始できる。なお、Googleアカウントでのサインインも可能。

2 付箋でのコメントを貼ったり、イラストを挿入したり、記号や矢印を描いたりと、自由にスペースを利用できる。

3 シェアボタンからはホワイトボードの編集・閲覧権を持つユーザーを追加することができ、複数人での同時編集が可能だ。

豆テク

129

Facebookのタイムラインに
PDFのプレビューを表示させる

APP
Facebook

Facebookでは通常のタイムライン上にワード、エクセル、PDFなどのオフィスファイルをアップロードできない。しかし、DropboxやGoogleドライブでファイルの公開リンクを作成し、リンクをタイムラインに貼り付ければ内容をプレビュー表示した状態で投稿できる。

右クリックから「共有可能なリンクを取得」を選択する

公開リンクを貼り付ける

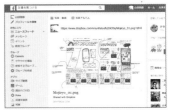

1 Googleドライブ上にあるファイルをFacebook上に表示したい場合は、右クリックして「共有可能なリンクを取得」を選択する。

2 作成した公開リンクをFacebookのタイムラインの入力フォームに貼り付ける。するとPDFがプレビュー表示される。

3 GoogleドライブだけでなくDropboxの公開リンクでもプレビュー表示は可能だ。

マインドマップを使って頭の中を整理整頓!

ブレストに最適な
共同編集型マインドマップ

　思考やアイディア、プロジェクトの整理などに活躍するマインドマップ。問題点や目標が「見える化」できるので、生産性の向上に活躍するアプローチだ。「MindMeister」ではそんなマインドマップをオンラインで共同編集することができる。

130

Web
MindMeister
https://www.mindmeister.com/ja

TOOL MindMeisterをモバイルから編集

iPhone APP MindMeister
作者 ● MeisterLabs
料金 ● 無料
カテゴリ ● 仕事効率化

Android APP MindMeister
作者 ● MeisterLabs
料金 ● 無料
カテゴリ ● 仕事効率化

1 マインドマップを、ブラウザ上で手軽に作成できる。テンプレートも各種用意されており、直感的に利用できるサービスだ。

2 画面下の「共有」をクリックすると、複数のユーザーで同じマインドマップを共同編集することができる。

コミックツールはビジネスに活用できる!

チラシやポップなどの販促物を
チームで制作する

　クラウド保存が可能なコミック作成ソフト。マンガ制作機能に特化しているが、ポップやチラシなどの販促物の制作にも向いている。また、「メディバンクリエイターズ」のMyチームと連携でき、複数人でのチーム制作に対応している点がユニークだ。

131

APP
MediBang Paint

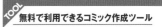

TOOL 無料で利用できるコミック作成ツール

コミックを簡単に作成できるドローイングツール。クラウドとの連携機能がある。

PC APP MediBang Paint
作者 ● MediBang
料金 ● 無料
URL ● https://medibangpaint.com/

1 無料で利用できるコミック作成ソフト。ポップなどの販促物のイメージ作成などにも活用できる。

2 「チーム制作」機能が最大の特徴。「メディバンクリエイターズ」でMyチームを作成すれば、多人数制作が利用できる。

Googleドライブでもフォルダ単位で共有できる

Googleドライブで公開リンクを作成して
誰でもアクセスできるようにする

　Googleドライブはオフィスファイル共同編集をする際によく利用されるサービスだが、フォルダ単位でほかのユーザーと共有する機能も搭載している。特定のユーザーだけでなく、公開リンクを作成してリンクを知っている人であれば誰でもアクセスできるようにすることも可能だ。

132

APP
Googleドライブ

1 Googleドライブで共有したいフォルダを右クリックしてメニューから「共有」をクリックする。

2 共有設定画面が現れる。不特定のユーザーとフォルダを共有する場合は、右上にある「共有可能なリンクを取得」をクリックする。

3 公開リンクが作成されるので、リンクをほかのユーザーに知らせよう。なお閲覧のみか編集も可能かも設定できる。

CHAPTER 4 : Sharing

133

こんな
用途に
最適！
▶ テンプレートでサイトを簡単に作成できる
▶ 複数のユーザーでブログを共同運営できる
▶ プロジェクト管理ページの利用に便利

プロジェクト管理サイトを共同運営できる！

Googleサイトを使って
社内ポータルサイトを作成する

Web
Googleサイト
http://www.google.com/sites/help/intl/ja/overview.html

Googleのサービスのひとつ「Googleサイト」では、誰でも簡単かつ素早くWebサイトを作成することができる。個人向けにも利用できるが複数のユーザーと共同編集できるのが特徴だ。チームメンバーで共同運営して作業の効率化を図ろう。

共有サイトを社内業務の
運用に活用する

　企業内でプロジェクトやチームのノウハウ、ルール、新人向けのガイダンスなどをまとめた情報を共有したいという要望は多いだろう。これらはドキュメント文書で共有するよりも、Web上に専用サイトを作ったほうが簡単で、常に最新情報に更新、確認できる。「Googleサイト」サービスを使って、共同編集できる社内ポータルサイトを作成していこう。

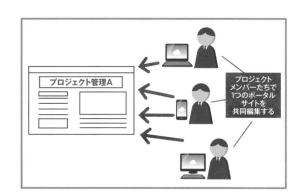

Googleサイトで社内ポータルサイトを作成する

1 Googleサイト（https://sites.google.com/）にアクセス。「最初のサイトを作成してみましょう」をクリックしてサイト作成を開始する。

2 まずは「テーマ」を設定しよう。右上の「テーマ」タブを選択して、イメージに近いテーマを選択しよう。

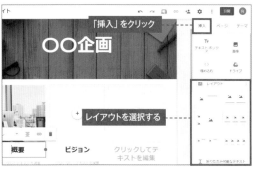

3 テーマが決まったら「挿入」から好きなレイアウトを選択する。レイアウトが挿入されたら写真やテキストで共有したい情報をドンドン追加していこう。

4 ほかのメンバーとサイトを共同編集するには、右上の共有アイコンをクリックして相手のメールアドレスを入力して招待メールを送信しよう。

Evernoteなら会話しつつノートを共有できる!

ワークチャットで共同作業を効率化する

Evernoteはメモを取る、ということに特化したクラウドサービスだが、じつはコミュニケーション機能も搭載されている。それが「ワークチャット」。これは指定した相手とリアルタイムのチャットを開始でき、メモを共有したり内容についての相談なども可能だ。

APP

Evernote

Evernoteで共同編集を強化する

Evernoteの「ワークチャット」は便利な共同編集機能。PC、Mac、スマホで利用できるチャット機能で、指定したEvernoteユーザーとリアルタイムなチャットを利用することができる。特筆すべきはノートの共有や受け渡しが手軽に行なえるという点。これまでは顔を突き合わせなければならなかった、資料に関する相談やアドバイスも、Evernoteの経由でスムーズに進行できる。

複数のユーザーでメモを共有して意見を出しあえる

■ ノートを共有してリアルタイムに意見を交換

① ワークチャットを利用するには、メニューの「表示」から「ワークチャット」を選択する。共有の設定は69ページも参照。

相手のメールアドレスを入力する

② 「宛先」に相手のメールアドレスを入力。相手にワークチャットのリクエストメールが届くので、相手が承認するとチャットが開始される。

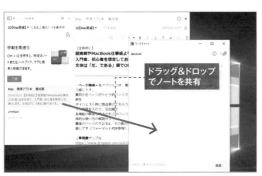

ドラッグ&ドロップでノートを共有

③ チャットはほぼリアルタイムでやりとりできる。複数人でのチャットもOK。ノートをドラッグすると手軽に共有できて効率的だ。

TOOL **モバイル用のEvernoteアプリ**

ワークチャットはモバイルアプリでも利用できる。外出先やノマドワーク時にはこちらで対応しよう。

iPhone APP Evernote
作者 ● Evernote Corporation
料金 ● 無料
カテゴリ ● 仕事効率化

Android APP Evernote
作者 ● Evernote Corporation
料金 ● 無料
カテゴリ ● 仕事効率化

クラウドサービスを
様々な用途で

応用 する

クラウドの活用法は、
データの記録や同期だけじゃない

　これまでは、クラウドの活用法を「記録」「収集」「同期」「共有」という４つのキーワードで解説してきたが、もちろんクラウド技術の活用法はそれだけではない。ここでは最後に、クラウドを応用した様々な活用法やデータ同期系以外のクラウド的サービスを紹介していこう。クラウドサービスは、各サービスの提案する使い方だけでなく、フリーソフトやスマホなどを組み合わせることで、面白い使い方ができる。それは、サービス自体のシンプルさが、様々な活用法を許容してくれるからだろう。

　たとえばDropboxは「ファイルを同期する」というシンプルなクラウドストレージだが、それだけに「どういうデータを同期させるか」を考えることで、また新たな活用法が見えてくる。ここで紹介した活用法以外にも、アイデア次第で様々な用途が考えられる。フリーソフトやスマホアプリなどを組み合わせることで、ネット世界とリアル生活を連携させる新しいアイデアが生まれてくるはずだ。

こんな
用途に
最適！
▶ デスクトップからクラウドサービスをすぐに起動できる
▶ GmailやGoogleカレンダーをアプリ感覚で使う
▶ YouTubeなどクラウド以外にも利用できる

クラウドサービスをWindowsアプリのように独立して使う

クラウドサービスのショートカットを作ってデスクトップから起動する

クラウドサービスの中には、GmailやGoogleカレンダーなど、ブラウザからアクセスして利用するサービスも多い。通常、そのようなサービスはブックマークに登録して使うが、もっと素早く開きたいならショートカットを作成しよう。

APP
Chrome

ログイン情報を含め、単独ウィンドウで起動するクラウドアプリを作成

Googleのブラウザ「Chrome」は、指定したWebサービスのデスクトップ用ショートカットを作成できる。ショートカットをクリックするとそのサービスをすぐに開くことができ、ブックマークよりも効率的に利用できる。作成方法は簡単で、Chromeで利用したいサービスにログインしたら、ショートカットを保存すればOK。サイトによってアイコンもセットできるので、よりアプリ的に活用できる。

起動後、タブを切り離して独立させればまるでアプリのようにサービスが利用できる。

Chromeを利用して、クラウドWebサイトをアプリとして保存する

1 Chromeを起動し、アプリ化したいWebサービスにログインする。特に事情がなければサイトのトップを表示させよう。

「ショートカットを作成」をクリック

2 メニューボタンをクリックして「その他のツール」＞「ショートカットを作成」を選択する。

3 ファイル名を指定して「作成」ボタンをクリックするとショートカットがデスクトップに保存される。

4 作成されたショートカットをダブルクリックするとChromeですぐにそのサービスを開くことができる。削除はアイコンをゴミ箱に入れるだけでOK。

応用

CHAPTER 5 : Application

こんな
用途に
最適！
▶ 離れた場所のPCを操作したい
▶ 離れた場所にあるPCのファイルを使いたい
▶ 異なるOS間でファイルを受け渡ししたい

外出先や離れた部屋からPCを遠隔操作する

離れた場所にあるPCの
デスクトップを操作する

PC APP
TeamViewer

離れた場所にあるPCを操作したいときに便利なのがリモートコントロールアプリ。移動することなく手元にあるPCからネットワーク経由で遠隔操作ができるようになる。「TeamViewer」は難しいネットワーク設定なしで使えるリモートコントロールアプリだ。

異なるOS間のパソコンでも
TeamViewerなら相互接続可能

WindowsにもMacにもリモートコントロール機能は初期設定で搭載されているものの、異なるOS間だと接続できない問題がある。そこで「TeamViewer」の出番だ。Windows、Mac、LinuxなどあらゆるOSに対応しているので、異なるOS間でも接続することが可能。スマホやタブレットなどのモバイル端末から遠隔操作することも可能だ。

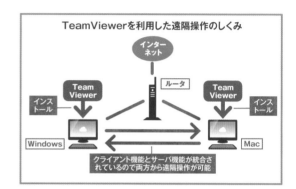

TeamViewerを利用した遠隔操作のしくみ

お互いのPCにTeamViewerをインストールするだけと簡単

接続IDとパスワードを
クライアント側から

TeamViewerの使い方は難しくない。2台のPCに公式サイトからダウンロードできるアプリをインストールし、起動しておくだけでよい。あとはTeamViewerのメイン画面に記載されている接続IDとパスワードをクライアント側のPCのTeamViewerから入力すれば接続できる。ファイアウォールの設定や細かなルータ設定をする必要もなくインストールするだけで簡単に使えるのが大きな魅力だ。

使用中のIDとパスワードをメモする

① LAN内にあるパソコンの遠隔操作する場合、サーバ側のPCのTeamViewerを起動し、メイン画面に記載されたIDとパスワードをメモしておく。

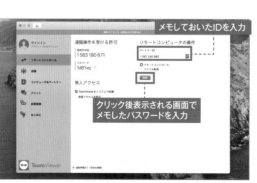

メモしておいたIDを入力

クリック後表示される画面でメモしたパスワードを入力

② クライアント側PCのTeamViewerを起動し、パートナーIDにメモしたIDを入力して「接続」をクリックして、メモしたパスワードを入力。

TeamViewerのメニュー

マウスカーソルを中へ移動して操作する

③ 接続がうまくいくとサーバ側のデスクトップが表示される。マウスカーソルをTeamViewer内に移動すると直接操作できる。

多機能なTeamViewerなら PC間のファイルのやり取りもスムーズ

137

TeamViewerではPC内にあるファイルを自由に送受信できる。上部メニューの「ファイル転送」画面から送受信を行おう。ドラッグ&ドロップで送受信を行う「ファイルボックス」形式と、FTPソフトのように送受信する方法が用意されている。

APP
TeamViewer

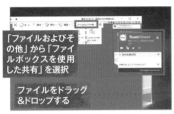

「ファイルおよびその他」から「ファイルボックスを使用した共有」を選択

クライアント側のPC

ファイルをドラッグ&ドロップする

クライアント側のPC

サーバ側のPC

クリックするとサーバ側のPCのファイルを受信できる

1 上部メニューの「ファイルおよびその他」から「ファイルボックスを使用した共有」を選択すると表示されるボックスにファイルを登録しよう。

2 「オープンファイル転送」を選択するとFTPクライアントのようにディレクトリ同士を接続してファイルの送受信ができる。

TOOL 携帯端末でも遠隔操作可能

TeamViewerはiOSとAndroidの両方のスマホでクライアントアプリが配布されている。タブレットやスマホからPCを遠隔操作することが可能だ。

LAN経由で接続する外付けHDD「NAS」なら 外出先からでもアクセス可能

138

DropboxやGoogleドライブなどのストレージサービスに頼らず、自家製のクラウドサーバを構築するなら「NAS」を導入しよう。NASとはネットワーク対応型の外付けハードディスク。ルータやハブのLANポート経由でファイルのやり取りができる。NASが便利なのは出先のPCやタブレット、スマホからでもインターネット経由でアクセスしてファイルを取り出せること。1TB以上の大容量ストレージが基本なので、録り貯めたテレビ番組や映画を外出先から見たいときに便利だ。

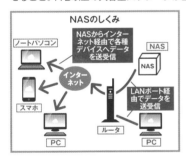

NASのしくみ

LinkStationシリーズ
実勢価格:27,000円 (4TB)

Buffaloのサーバを通じて外出先からでもブラウザで簡単にアクセスできるNASサーバ。2TBから8TBまで容量も大きい。

ネットワークに **HDDをつなげよう**

LinkStationはスマホやタブレットなどの端末からでもアクセス可能。Webアクセスの設定も簡単。NAS初心者におすすめだ。

公式サイトのヘルプ画面で 無料でストレージ容量を増やす方法を知る

豆テク
139

Dropboxは無料プランだと2GBのストレージしか使えない。Pro版を購入すればよいが、2TBも使う機会はない人は多いはず。無料で容量を増加したいなら、Droboxのヘルプセンターページにアクセスしてみよう。ここには容量の増やし方の詳細が細かく書かれている。

APP
Dropbox

「ヘルプセンターホーム」から「容量増加」を開く

「設定」を開く

「プラン」画面を開く

「お友達を招待する」をクリック

1 Dropboxのヘルプセンターのページから「容量増加」を開こう。さまざまな容量の無料獲得方法が解説されている。

2 最も手軽で大幅な容量追加が可能なのがお友達を紹介する方法。1人紹介するごとに500MB、最大16GB獲得することが可能だ。

3 ほかにも初期設定のチェックリストにチェックを入れたり、Dropboxのガイドツアーを表示するなどで容量を追加できる。

こんな
用途に
最適!

▶ 複数のクラウドサービスをまとめて管理したい
▶ クラウドサービス間でファイルをやりとりしたい
▶ PCにアプリをたくさん入れて負荷をかけたくない

複数クラウドストレージを一括で管理する

複数のクラウドサービスに
アクセスする

Web App
MultCloud
https://www.multcloud.com/

クラウドストレージをいくつも使っているとアプリを切り替えるのが面倒なだけでなくメモリ負担も大きい。複数のクラウドストレージを1つに統合した「MultCloud」を使おう。各種クラウドストレージへ接続してファイルを一元管理することができる。

ブラウザから各種クラウド
サービスに直接接続できる

「MultCloud」は複数のクラウドサービスに接続できるウェブサービス。Dropbox、Googleドライブ、OneDrive、Box、Amazon S3など主要なクラウドストレージサービスならすべてに対応。ブラウザ上から利用できるので、PCにアプリをインストールすることがなく負担もかけない。スペックの低いノートパソコンでクラウドを活用するのに効果的だ。

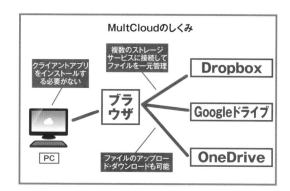

MultCloudのしくみ

MultCloudで複数のクラウドサービスにアクセス

ストレージ間で
直接ファイルのコピーができる

MultCloudを利用するにはアカウントを取得する必要がある。登録後、アカウント追加画面から利用しているクラウドサービスとログイン情報を入力すれば、クラウドにアクセスしてファイルのやり取りができるようになる。便利なのはストレージ間でファイルのコピーが簡単に行えることで、いったんローカルにファイルをダウンロードして再アップロードする必要はない。

「クラウドを追加」をクリック

サービスを選択してアカウント情報を入力

1 アカウント登録後、左メニューの追加ボタンをクリックし、右側からストレージサービスを選択してアカウント情報を入力していこう。

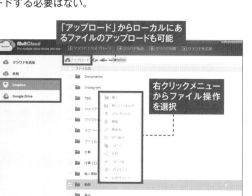

「アップロード」からローカルにあるファイルのアップロードも可能

右クリックメニューからファイル操作を選択

2 サービスの登録が終わったらサービス名を選択。右側にファイルやフォルダが一覧表示される。右クリックメニューから各種操作が行える。

ファイルを右クリックして「コピー先」を選択

コピー先

3 ストレージ間でファイルを移動するには、右クリックメニューから「コピー先」を選択して現れる画面でコピー先サービス名を選択すればよい。

無圧縮写真を無制限にアップロードできる

Amazonプライム加入者なら Amazon Photosも使おう!

Amazonプライムに入会しているならAmazonが無料で提供しているクラウドサービスも積極的に使おう。Amazon Photosは、写真やビデオを保存できるオンラインストレージサービス。プライム会員なら容量無制限で写真ストレージを利用できる。

APP
Amazon Photos

https://www.amazon.co.jp/b?ie=UTF8&node=5262648051

無圧縮の写真をバックアップするなら Googleフォトより Amazon Photos

写真を無料で無制限にアップロードできるサービスはAmazon PhotosのほかにGoogleフォト（30ページ参照）がある。両者の違いは圧縮されるか、されないかだ。Googleフォトの無制限は1600万画素までの写真しかアップできず、それ以上のサイズの写真は圧縮されてしまう。一方、Amazon PhotosはRAWも含め無制限にアップロードできるのが特徴だ。ただし、Googleフォトに比べてほかのサービスとの連携性が弱いためバックアップ用として使うのがベターだ。

Amazon PhotosとGoogleフォトの比較

	Amazon Photos	Googleフォト
料金	プライム会員は無料	Googleアカウントさえあれば無料
圧縮（写真）	なし	高画質のものは1,600万画素まで自動圧縮される
圧縮（動画）	5GBまで無料で使える	高画質のものは1080pまで自動圧縮される
RAW	対応	15GBまで
対応端末	ブラウザ、デスクトップ、iOS、Android	ブラウザ、デスクトップ、iOS、Android、
アルバム	○	○
検索	○	○
共有	○	○

Amazon Photosに写真をバックアップしよう

有効にする

① Amazon Photosを起動すると初期設定画面が表示される。「自動保存」を有効にするとスマホ内にある写真が自動でAmazon Photosにアップロードされる。

タップして写真を選択する

「アルバムに追加」を選択する

② 複数の写真からアルバムを作成したい場合は、右上の選択マークをタップして写真を選択して、「アルバムに追加」を選択しよう。

タップ タップ タップ

③ アルバムほかのユーザーと共有するには、右上の「…」をタップして「共有」をタップする。メニューから「リンクをコピー」を選択しよう。

オフにする

④ 標準では動画ファイルもアップロードされてしまう。写真だけアップロードするには設定画面の「アップロード」画面で「ビデオ」をオフにしよう。

こんな
用途に
最適!

▶ クラウド上の音楽ファイルを連続再生したい
▶ スマホの空き容量を気にせず視聴できる
▶ 多数のクラウドサービス上のファイルを同時に扱える

クラウドなミュージックボックスを作ろう

クラウド上の音楽ファイルを
ストリーミング再生する

APP
Evermusic

クラウドサービスに保存した音楽ファイルはストリーミング再生できるが、自動で連続再生してくれない。そこで、クラウド上にある音楽ファイルを好きな順番で連続ストリーミング再生するプレイヤーを併用しよう。

クラウドサービスにある音楽ファイルを
ストリーミング再生させよう

「Evermusic」は、クラウドストレージに保存している音楽ファイルをストリーミング形式で連続再生してくれるプレイヤー。音楽ファイルをタップすると、その音楽ファイルが保存されているフォルダ内のファイルを連続再生してくれる。プレイリストを作成して連続再生させることも可能だ。Dropbox、Google Drive、OneDrive、Boxなど大手のクラウドサービスならすべて対応している。

初期設定で音楽ファイルを保存しているクラウドサービスを登録しよう。

APP
Evermusic
作者 ● Artem Meleshko
価格 ● 無料

プレイリストを作成してストリーミングで楽しむ

タップ

タップ

1 左下の「プレイリスト」を選択して、中央の追加ボタンをタップ。プレイリスト作成画面が表示される。

チェックを入れる

2 プレイリストに追加する音楽ファイルにチェックを入れて「終了」をタップする。

3 プレイリストは別々のストレージサービスから追加して1つにすることもできる。再生順番を自由に変更できる。

Dropboxのストリーミングサービスは
プランによって再生可能時間が異なる

Dropboxに保存している動画ファイルや音楽ファイルは、Dropboxアプリ上から直接ストリーミング再生できるが、利用しているプランによって再生可能時間が異なる点に注意しよう。

・Basic:15分間
・Plus:60分間
・Business:4時間

応用

こんな用途に最適！
▶ 出先でプリントアウトしたい
▶ 自宅にプリンタがない
▶ コンビニのマルチコピー機で印刷したい

外出先のコンビニからプリントできるネットプリント

出先でファイルを印刷する必要があったら コンビニで印刷しよう

出先で気になったウェブページや携帯端末内にあるオフィスファイルをプリントアウトしたくなるときがある。netprintを使えば近くのコンビニのコピー機でiPhoneやiPadに保存されているファイル、また閲覧中のウェブページをプリントアウトできる。

iOS App
netprint
価格●無料　カテゴリ●ビジネス

セブンイレブンのマルチコピー機で プリントアウトする

「netprint」は、iPhoneやiPadに保存している写真やオフィスファイルをコンビニ（日本国内のセブン・イレブン）のマルチコピー機を使ってプリントアウトできるアプリ。ブラウザで閲覧中のウェブページやメールの本文や添付ファイル、そしてDropboxやGoogleドライブなどに保存しているファイルでもプリントアウト可能だ。ただしプリント料金は別途必要になる。

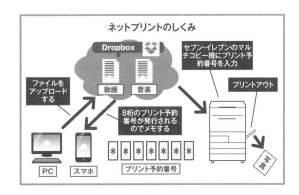

ネットプリントのしくみ

クラウドストレージにあるファイルを印刷してみよう

エクスポートからファイルを netprintに登録する

ファイルをプリントアウトするには、netprintインストール後、各種ビューアやストレージサービスの公式アプリでファイルを開き、共有メニューから「netprintにコピー」を選択する。これでnetprintにファイルが登録されるので、あとは印刷設定、ファイルのアップロードと進み、発行される8桁の予約番号をメモしよう。コンビニのマルチコピー機で8桁の予約番号を入力するとプリントアウト可能だ。

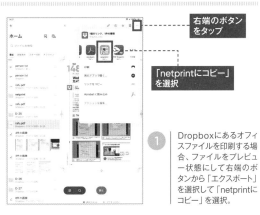

右端のボタンをタップ

「netprintにコピー」を選択

① Dropboxにあるオフィスファイルを印刷する場合、ファイルをプレビュー状態にして右端のボタンから「エクスポート」を選択して「netprintにコピー」を選択。

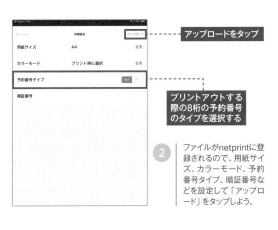

アップロードをタップ

プリントアウトする際の8桁の予約番号のタイプを選択する

② ファイルがnetprintに登録されるので、用紙サイズ、カラーモード、予約番号タイプ、暗証番号などを設定して「アップロード」をタップしよう。

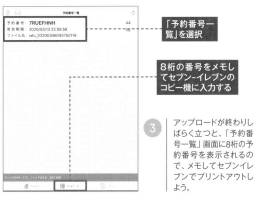

「予約番号一覧」を選択

8桁の番号をメモしてセブン-イレブンのコピー機に入力する

③ アップロードが終わりしばらく立つと、「予約番号一覧」画面に8桁の予約番号を表示されるので、メモしてセブンイレブンでプリントアウトしよう。

応用

CHAPTER 5 : Application

こんな用途に最適！
▶ 普段使っているクラウドも、繋げれば数倍便利に！
▶ SNSやRSSとEvernoteを繋げて情報収集
▶ GmailやLINEとの連携にも対応！

数百種類以上のネットサービス、スマホを自動連携するサービス

自動処理サービス「IFTTT」でクラウドを 縦横無尽に活用しよう

APP
IFTTT
https://ifttt.com/

IFTTTは、2つのクラウドサービスを連携させてさまざまな自動処理を行うサービス。たとえば「TwitterからEvernote」といった単純な処理だけでなく、複数のレシピを組み合わせたり、新しいWebサービスを知る手がかりにもなる。使い込むほどに奥が深いシステムだ。

IFTTTの基本と、一歩進んで活用するためのヒント

クラウドサービスは、すべてのデータがインターネット上に存在している点が大きな特徴。IFTTTは、その特徴を活かして2つのクラウド／ネットサービスを繋げ、指定した条件でさまざまな自動処理を実行できるサービス。処理条件と内容を指定した「アプレット」を登録するだけで、ユーザーは何もしなくても自動的にクラウド上のデータを処理してくれる。応用次第でさまざまな用途に活用できる。

IFTTTの基本的な利用手順

① 「Services」で利用するサービスを登録
↓
②アカウントメニューから「New Applet」を開く
↓
③ 「**this**」で処理条件を指定（トリガー）
↓
④ 「**that**」で処理する内容を指定（アクション）
↓
⑤作成したアプレットは「My Applets」で管理

アプレット作成だけでなく、さまざまな機能を駆使して活用する

① IFTTTにログインし、右上のアイコンをクリックすると、連携するWebサービスの接続や管理ができる。

② Webサービスの連携は「アプレット」を作成して行う。トリガーとアクション、それぞれのWebサービスを指定。

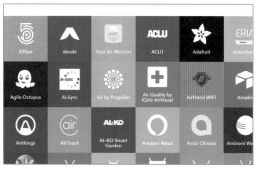

③ 対応しているWebサービス数は膨大。クラウドサービスを始め、SNSやRSSフィードなども組み合わせて利用できる。

④ 便利なアプレットは多数用意されており、自分で作成する必要もない（100ページ参照）。サービス名から利用したいアプレットを探そう。

ブラウザから直接クラウドを利用できる機能拡張を見つけよう

Chromeに機能拡張をインストールして クラウドをより便利に利用する

GoogleのWebブラウザ「Chrome」には数多くの機能拡張が用意されており、各種クラウドサービスをブラウザから利用するものもリリースされている。用途と環境に合わせて、機能拡張をインストールして、クラウド環境をもっと便利にしよう。

App

Chrome

Chromeウェブストアから機能拡張を 入手してブラウザをパワーアップさせる

Chromeの機能拡張は、ウェブストアにアクセスして簡単にインストールできる。下記の機能拡張名や、クラウド名で検索するとクラウド関連の機能拡張が見つかる。あとは各機能拡張のインストールボタンをクリックすれば、アドレスバーの右にアイコンが追加され、機能が利用できる。利用しなくなった場合は、Chromeメニューの機能拡張を開き、無効化やアンインストールが行える。

Chromeウェブストア
https://chrome.google.com/webstore/

ブラウザとクラウドをスムーズに連携させるChrome機能拡張

① **Save Emails to Dropbox by cloudHQ**
Gmailで受信したメールをブラウザ上からクリック1つでPDF形式にしてDropboxに保存できる拡張機能。

② **Gmail版Dropbox**
Gmailでメールを作成する時、Dropboxから直接ファイルを送信できる。

③ **Googleドライブに保存**
表示しているページを画像形式やリンクとしてGoogleドライブに保存。

④ **ドキュメント、スプレッドシート、スライドでOfficeファイルを編集**
クリック1つでGoogleドキュメントやGoogleスプレッドシートを作成できるGoogle純正のアドオン。

こんな
用途に
最適！

▶ ブラウザも画像編集アプリも、同期して使おう
▶ どこでも同じ環境でPCアプリが使える
▶ 複数台PCへのアプリ導入が簡単に

複数の拠点で同じソフトウェア環境を簡単に構築できる

ポータブルアプリやアプリ設定を同期して
好みのソフトをいつでも利用する

APP
Dropbox

USBメモリなどに入れて同じ環境を持ち歩くためのポータブルアプリ。これをクラウドで同期させれば、同期したすべてのパソコンで同じ設定・環境のアプリが利用できるようになる。ブラウザやメーラー、メッセンジャーなどのコミュニケーションツールに向いている。

同期したパソコンで、
同じ設定のアプリを使う

　「ポータブルアプリ」とは、パソコン本体にインストールせずに、そのまま実行できるプログラムのことで、もともとはUSBメモリなどのストレージに保存して、いつでもどこでも同じ環境のアプリを使えるようにする目的で開発されている。このアプリをDropboxで同期することで、同一設定のアプリを同期したすべてのパソコンで利用できる。

Site あらゆるジャンルのソフトを配布

オープンソース中心のアプリを配布している。アプリの入手は「Apps」メニューから行える。

Site PortableApps.com
作者 ● PortableApps.com　　料金 ● 無料
URL ● http://portableapps.com/

ポータブルアプリをDropboxへ同期して利用しよう

設定や動作に必要なファイルも
すべてクラウドへ導入される

　上記サイトで配布しているアプリはインストーラが用意されており、インストール先をDropboxの任意のフォルダへ指定することで、ポータブルアプリとして利用できる。アンインストールはフォルダごと削除すればOK。もちろん、このサイト以外のアプリも、解凍してすぐに起動できる。フリーソフトなども同期しておくと便利だ。複数台のパソコンを使うユーザーには便利なテクニックだ。

（１）PortableApps.comの上部メニューから「Apps」をクリックして、各ジャンルから利用したいポータブルアプリをダウンロードする。

（２）ダウンロードしたインストーラを起動して、画面に従ってインストールを進める。保存先は、Dropboxの任意のフォルダを指定。

（３）これで同期したパソコンで同じアプリが起動できる。設定ファイルもすべて同期されるので、まったく同じ環境で利用可能。

こんな用途に最適！
▶ 最小限の通信量でパソコンを高度に遠隔操作
▶ アップした写真の加工など用途は様々
▶ バッチファイルを使えば複雑な処理も可能

ファイル変更をトリガーにさまざまな処理を実行

Dropboxを利用して、遠隔地のパソコンで プログラムを自動的に実行する

Dropboxのフォルダ同期機能とフォルダ監視ツールを使って、遠隔地のパソコンで様々な処理を実行してみよう。音楽を再生したり処理時間のかかるバッチ処理を実行するなど、他のアプリケーションと組み合わせて様々な処理を遠隔実行できる。

APP
Dropbox

Dropboxをプログラム起動用に 活用する

登録したすべてのコンピュータで指定フォルダを同期させるDropboxの機能を応用したテクニック。フォルダの更新状態を監視するツールを組み合わせることで、外出先からDropboxフォルダを更新させることで、指定した処理を実行させることができる。外出先から自宅のパソコンで何か処理させたい場合や、プログラムを起動させるなどアイデア次第。

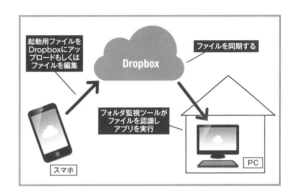

Dropboxのフォルダを監視して任意の処理を自動実行させよう

1 「フォルダ監視」の設定メニューを「詳細」に設定し「監視フォルダの指定」で、Dropboxの任意の監視用フォルダを指定する。

2 「対象ファイルの設定」をクリックし、「次のファイルのみ～」に処理を実行するきっかけになるファイル名を登録する。

3 「プログラム起動設定」をクリックして「プログラム」に、ファイルが登録されたときに実行するプログラムを指定する。例えば、ファイルのダウンロードが完了したらすぐに再生する……という感じのことができる。

TOOL
フォルダを監視して様々な処理を実行

「監視」をクリックするとタスクトレイに常駐しフォルダの変更を監視し任意の処理を実行できる。いろいろと効率的な利用法が考えられる。

Windows App **フォルダ監視**
作者 ● tukaeru　種別 ● フリーソフト
URL ● http://www.saberlion.com/tukaeru/

148

▶ 外出や旅行で自宅の様子が気になるアナタに！
▶ ペットや植物の様子を欠かさずチェック
▶ 動態検知で、侵入者の監視もできる

侵入者の監視からペットの様子まで、活用法はさまざま

WebカメラとDropboxを組み合わせて カメラ監視システムを構築する

APP
Dropbox

飼っているペットの体調が悪いときに、どうしても外出しなくてはいけない時など、外出先からその様子を確認したくなる場合があるだろう。そんな時のために、クラウドストレージとカメラを組み合わせて、簡単な室内監視システムを作ってみよう。

Dropboxで簡易的な室内監視システムを構築できる

クラウドストレージDropboxとウェブカメラ、そしてカメラを制御するフリーソフトを組み合わせることにより、簡易的な室内監視システムを構築できる。仕組みは簡単で、ウェブカメラの映像を監視ソフトで定期的に撮影してDropboxへ保存するだけ。画像は自動的にクラウドへ同期されるので、外出先から室内をチェックできる。セキュリティの向上や趣味まで、利用範囲は広い。

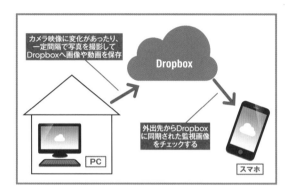

ウェブカメラと「LiveCapture 3」で室内を外出先から監視

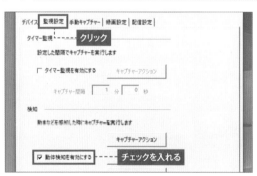

① 「Live Capture 3」の設定を開き「監視設定」をクリック。動体検知モードを有効にする。もしくはタイマーで定期的な撮影も行える。

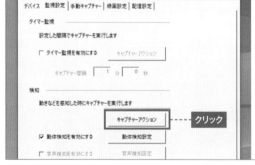

② 検知して撮影した写真をDropboxに自動保存するには「キャプチャーアクション」をクリック。

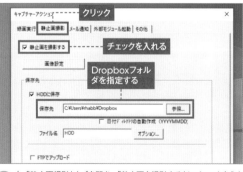

③ 「静止画撮影」タブを開き、「静止画を撮影する」にチェックを入れる。「HDDに保存」にチェックを入れ「参照」からDropboxフォルダを指定する。

TOOL
ウェブカメラを最大限に活用

動体検知モードも備えたライブカメラソフト。画像、動画でカメラ映像を記録できる。

Windows App **Live Capture 3**
作者 ● 市川 由紀夫　種別 ● フリーソフト
URL ● https://lc3.daddysoffice.com/

▶ 共有ファイルにコメントを付けたい
▶ ファイルを通したコミュニケーションに便利
▶ ダウンロードすることなく閲覧できる

こんな用途に最適!

149

共有ファイルにコメントをつけ合おう

面倒なツールは不要! Dropbox上で プレビューを表示させて議論しよう

Dropboxではほかのユーザーと共有しているファイルにコメントを付けたり、付けられたコメントに返信することができる。複数のユーザーと資料内容を検討しているときに利用すれば、円滑に共同作業が進むだろう。

APP
Dropbox

共有しているファイルにコメントを付けよう

Dropboxで共有しているファイルにコメントする方法は2つある。1つはファイルに対してコメントする場合で、この場合は「コメント」と表示されたテキストボックスに文章を入力すればよい。付けたコメントは共有ユーザーなら誰でも閲覧できる。もう1つはコメントに対して返信したい場合で、この場合は「リプライ」欄に返信文を入力すればよい。

TIPS Dropboxの便利なファイルプレビュー機能

Dropboxはビューア機能としても優れている。ローカルにファイルをダウンロードしなくても、Dropbox内蔵のファイルプレビュー機能で、ほとんどのファイル内容を閲覧でき、コメントを追加することが可能だ。ただし、プレビュー機能はファイル編集はできない。

ファイルプレビューを利用するには、右クリックして「Dropbox.comで表示」をクリックしよう。

■ ファイルにコメントを付ける

① コメントを付けたいファイル横の「…」をクリックして「コメントを追加」を選択しよう。

② 入力フォームにコメントを入力して「Post」をクリックしよう。コメントが投稿される。

③ コメントに対してリプライする場合は、新しく入力フォームにコメントを入力するのではなく、コメントをクリックして返信を入力しよう。

④ PDFの場合は修正した箇所にマークを付けてコメントを残すことができる。どこを指摘しているのかわかり便利だ。

こんな
用途に
最適!

▶ 複数のクラウドサービスを連携させる
▶ SNSの情報を効率よく収集する
▶ おもにスマホでクラウドサービスを使う人に便利

複数のクラウドサービスを連携させよう

IFTTTのおすすめアプレットを使ってみよう

APP
IFTTT

IFTTTで作成できるアプレットは無限にあり、どの組み合わせを選択するかは悩みどころ。そこで、ほかのユーザーが作成し配布している人気アプレットを利用しよう。また、使いこなすならブラウザ版よりスマホ版アプリがおすすめだ。

スマホ版IFTTTのほうがアプレットの管理や追加が簡単

　IFTTTはパソコン上だけでなくスマホ用アプリも配信されているが、アプレットの追加や管理はスマホ版の方が便利。スマホ版メニューの「My service」から利用するクラウドサービスを選択すると、自分が追加したアプレットが表示される。ここで、オン・オフを切り替えることが可能だ。

　また、管理画面下にあるおすすめアプレットはタップするだけですぐに追加でき利用できる。

あらゆるジャンルのソフトを配布

スマホ版アプリのホーム画面。ブラウザ版とやや違うがインターフェースは洗練されており使いやすい。各アプリ名をタップすると利用しているアプレットやおすすめのアプレットが表示される。

APP IFTTT
作者 ● Connect every thing
価格 ● 無料
カテゴリ ● 仕事効率化

便利なおすすめアプレット

・Save your Instagrams to Dropbox

Instagramにアップロードした写真を自動でDropboxに保存できる。

・Save your favorite tweets in an Evernote notebook Activity

Twitter上で「いいね」をしたツイートだけをEvernoteのノートとして保存する。

・Tweet your Instagram as native photos on Twitter

Instagramにアップロードした写真を自動でTwitterに写真を添付して投稿する（Instagramへのリンクではない）。

・Back up your Facebook status updates to Evernote

Facebookに投稿した内容を自動でEvernoteにもノートとしてバックアップする。

おすすめ
クラウド
集中講座

ここでは本編では扱わなかったが、非常に魅力的で実用的な
クラウドツールを4つ紹介する。

OneDriveはMicrosoftが尽力して作り上げた統合型クラウ
ドツールで、Dropbox、Googleドライブ、Evernote、それぞ
れと同等の機能が使える優れものだ。

Slackは今ではかなりおなじみとなっているチャットツー
ル。メールでの煩わしい挨拶などを省き、用件のみを小気味
よく伝えることができる。

iCloudは、Macユーザーにはおなじみであるが、Windows
ユーザーにも有益な使い方があるので便利な使い方を紹介し
ている。

Scrapboxは、人気急上昇のクラウドベースのメモツール。
小さいメモを柔軟にリンクさせて、さまざまなアイディアを
まとめることができる。

本編と併せて、これらのツールも使って、より快適にクラウ
ドを使っていこう。

こんな
用途に
最適!
▶ ひらめいたアイデアを記録して同期する
▶ Webの情報収集・思考整理に活用する
▶ Officeの編集を無料で行なえる

Microsoft純正のクラウドストレージ＆便利なツール

OneDrive

Microsoftのクラウドサービス
「OneDrive」とOfficeアプリを使いこなす

Windows 10標準ゆえの
使い勝手の良さが光る!

　Microsoftの「OneDrive」は、Windows 10の標準機能として備わっているため、最も気軽に利用できるクラウドサービス。Windows 10ではエクスプローラと統合されており、オンラインストレージであることを忘れるほど使い勝手がいい。また、MacユーザーもMicrosoftアカウントを発行すれば利用できる。

　Officeツールとの親和性の高さも魅力だ。便利なメモツール「OneNote」は、スマホやタブレットなどの広い環境で利用可能で、どこでも同じメモを確認できる。また、ブラウザ上で利用できるWebアプリ「Office Online」も便利。Officeのない環境でも、内容の確認や簡易的な編集ならこなせるほど優秀だ。

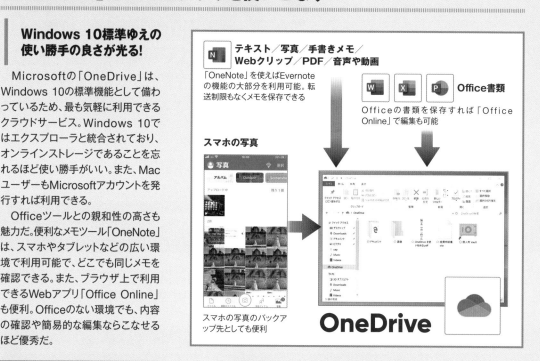

 テキスト／写真／手書きメモ／Webクリップ／PDF／音声や動画

「OneNote」を使えばEvernoteの機能の大部分を利用可能。転送制限もなくメモを保存できる

Office書類

Officeの書類を保存すれば「Office Online」で編集も可能

スマホの写真

スマホの写真のバックアップ先としても便利

OneDrive

Tool OneDrive
作者 ● Microsoft Corporation　料金 ● 無料
URL ● https://onedrive.live.com/about/ja-JP/download/

Tool OneNote 2016
作者 ● Microsoft Corporation　料金 ● 無料
URL ● https://www.onenote.com/download?omkt=ja-JP

OneDriveにアクセスする方法

① クリック

Microsoftアカウントでサインイン済みなら、スタートメニューから「OneDrive」をクリックして起動できる。

② クリック

OneDrive

「エクスプローラー」のナビゲーション・ウィンドウにある「OneDrive」をクリックしてもいい。

③

最近使ったファイルにアクセスできる

クリック

タスクバーの「∧」からOneDriveのアイコンをクリックすると、最近利用したOneDriveのファイルに素早くアクセスできる。

01 作業中のファイルを同期して複数のPCで活用する

OneDriveを標準の保存場所にして編集中のファイルを引き継ぐ

OneDriveが最も便利に感じる点は、エクスプローラと統合されているところにある。ファイルの保存場所としてOneDriveを指定しておけば、自動的にファイルはオンラインと同期され、どの場所からも常に最新のファイルにアクセスできる。これが活躍するのが、デスクトップとノートPCのように作業環境を変えるときだ。例えばデスクトップとノートPCで同じMicrosoftアカウントでサインインしておけば、オフィスで作業中のドキュメントもノートPCで外出先から編集できる。ノマドワークやテレワークが一般的になっている昨今では「どこでも」データにアクセスできるOneDriveは頼りになるサービスだ。

進行中の仕事のファイルをOneDriveに保存

デスクのPC（オフィスでの作業）

同じOneDriveにアクセス

ノートPC（外出先で作業を引き継ぐ）

編集中のドキュメントはOneDriveに保存しておけば、急な外出が差し込まれても、外出先から同じファイルにアクセスできる。

異なる環境からでも同じファイルの編集が可能!

02 スマホやタブレットでファイルを編集する

スマホやタブレットで移動中でもOneDriveの確認が可能

OneDriveはPCだけではなく、スマホやタブレット用アプリも用意されていて、ハードや環境を問わずストレージを利用できるのが強み。どこでもデータ通信が利用できるスマホやLTEモデルのタブレットがあれば、電車の中など移動中であっても書類の確認が可能。編集中のファイルがOffice文書の場合は、端末にMicrosoftのOfficeアプリをインストールしておけば、PCでの編集をスマホやタブレットで引き継ぐこともできる。画面が大きなタブレットとは特に相性が良く、重いノートPCを持ち歩くよりもフットワーク軽く、カジュアルに作業を持ち出せるのは大きな利点。ノマドワークの新しい武器として、導入してみよう。

Wordなど対応するOfficeアプリを起動して編集も可能

タブレットのWordアプリで編集

① 同じMicrosoftアカウントでサインインすれば、スマホからも作業中のファイルを確認できる。Officeアプリがインストールされていれば編集も可能だ。

② 画面の大きなタブレットなら、編集時の勝手も良い。Officeアプリも使いやすく、移動中の編集も実用的だ。

03 「OneNote」を使えば Evernoteは不要になる

「OneNote」は何でも保存・同期できる多機能デジタルノート

　本誌でも紹介している「Evernote」は、多機能で使いやすいメモサービス。機能も非常に豊富だが、有料プランと無料プランで利用できる機能が大きく異なる。特に無料プランは制限が多く、不自由を感じることも多いので、対抗馬として「OneNote」も検討してみよう。

　OneNoteはOneDriveを利用してメモを同期できるメモアプリで、Evernote同様、さまざまな情報をメモしたり、タスクを整理したり、Web記事をスクラップできる。保存容量はOneDriveの容量に依存するので、無料プランでも最大5GBまで利用でき、同期端末数にも制限がない。PDFへの注釈も手軽に加えられるなど、無料でも機能は無制限で利用できる。

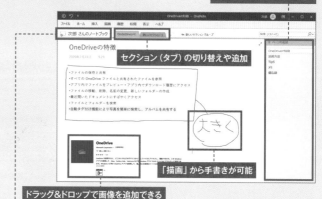

セクション内にあるページ、ページの追加も可能

セクション（タブ）の切り替えや追加

大きく

「描画」から手書きが可能

ドラッグ&ドロップで画像を追加できる

メモのジャンルごとに「ノートブック」を作り、「セクション」でカテゴリを分け、セクションごとにメモの内容である「ページ」を追加していく

ノートブックの切り替え

OneNoteが優れている点
- 同期する端末の台数が無制限
- 無料プランでもアップロード制限無し（OneDriveの保存容量に依存）
- PDFへの注釈が可能
- Microsoft Officeとの連携

---

04 「Office Online」で Word、Excelも無料で使える

OfficeがなくてもOK 公式のWebアプリで編集できる!

　Word文書やExcelの表データなど、Office文書を表示・編集するには、OfficeがインストールされているPCが必要だ。しかし、PCにOfficeがなくても、OneDriveの機能の一つである「Office Online」を利用すれば「Word」「Excel」「PowerPoint」などの代表的なOfficeスイートをブラウザ内で利用することができる。マクロが利用できないなど、ある程度の機能制限こそあれど、Officeと同じくMicrosoftが提供している機能なだけに、互換ソフトと比べると互換性は極めて高く、レイアウトのズレや計算式のエラーなども最小限だ。リモートワークなど、OfficeのないPCで、一時的に内容を確認・編集したい場合に便利な機能となっている。

サインイン

クリック

1 OneDriveのWebサイト（https://onedrive.live.com/about/ja-jp/）にブラウザでアクセスし、「サインイン」をクリック。

Microsoftアカウントを入力

2 PCに設定しているのと同じMicrosoftアカウントを入力。次の画面ではパスワードを入力してサインインする。

開きたいOfficeファイルをクリック

3 エクスプローラから利用しているのと同じOneDriveにアクセスできる。開きたいOfficeファイルをクリックしよう。

4 Officeがなくてもブラウザ内でOffice文書を展開、編集することができる。

05 ファイルの共有リンクを送って 複数人で共有する

グループワークに最適な OneDriveのファイルの共有

OneDriveに保存したファイルの実体はオンライン上に存在するため、手軽にファイル共有が可能だ。たとえばOfficeファイルを複数人で共同編集して管理したり、チーム内で内容をチェックしたりといったグループワークもオンライン上のやり取りで手軽にできる。方法としては、OneDrive内のファイルを右クリックして「共有」を選択、「リンクのコピー」からアクセス用URLを取得しよう。その後、コピーしたURLをメールなどで相手に伝えればOKだ。相手はブラウザから手軽にファイルにアクセスできる。共有したファイルがOffice文書の場合は、共有相手も「Office Online」を使ってブラウザ内で編集することもできる。

1 OneDrive内にあるファイルを右クリックし、「共有」をクリックする。

編集権の変更も可能

2 「リンクのコピー」をクリックし、表示されたリンクの「コピー」をクリック。共有リンクがコピーされる。

コピーした共有URL

3 共有したい相手へのメールに共有リンクをペーストし、URLを伝えよう。

共有中アイコン

4 共有したファイルは共有中アイコンが付く。リンクを知っている人ならアクセスでき、複数人でのリアルタイム編集も可能。

06 有料プランを利用して 大容量ファイルを保存する

保存容量は標準で5GB しかし100GBのプランも格安!

OneDriveは無料で5GBの容量があるが、ビジネスの書類に、メモにファイルに、画像に、動画に……と、なんでも保存していると容量不足を感じることもある。こうしたユーザーに向けてOneDriveを100GBに拡張できる有料プランも用意されている。価格は月額224円と激安なので、そちらも検討してみよう。

なお、Office 365 Soloのサブスクリプションを契約すると、OneDriveのストレージが1TBへと拡張される。また、ファイルの復元や共有リンクのパスワード保護なども可能になり、セキュリティ面も強化される。ビジネスなどでOfficeを利用するのであれば、Office 365 Soloを契約したほうが使い勝手がよい。

1 タスクトレイのOneDriveアイコンをクリックし、「プレミアムに移行」をクリックする。

2 ブラウザで「OneDriveのプラントとアップグレード」画面が表示される。利用したい有料プランを次の2つから選ぼう。

3 プランは「Office 365 Solo」のサブスクリプションと、OneDriveのみのアップグレードで選べる。用途に合ったものを選ぼう。

Office 365 SoloとOneDrive有料プランの違い

	Office 365 Solo	OneDrive 100GBプラン
価格	月額1,284円／年額12,984円	月額224円
容量	1TB	100GB
Office機能	Office 365が利用可能	—
セキュリティ	「Personal Vault」がストレージ上限まで利用可能／ランサムウェアの検出と復旧／ファイルの復元など	「Personal Vault」は3ファイルまで
生産向上ツール	複数ページのスキャン／オフラインフォルダー／共有の上限を増やす	—
ストレージの拡張	最大2TBまで（別途料金が発生）	—

07 オンデマンド同期で PCのストレージ不足も解消できる!

ファイルをオンラインのみにして ディスク容量を節約しよう

PCのストレージ不足にもOneDriveは便利だ。OneDriveでは「ファイルオンデマンド」機能で、PCのストレージを消費せずに、OneDrive上のファイルにアクセスできる。PCにはファイルへのリンクが残り、利用するときにデータがダウンロードされるしくみだ。利用する際にインターネット接続が必要になるが、ファイルの実体をPCに保存しないため、ストレージの圧迫を防げる。

なお、オフライン状態でも利用したいファイルは、ファイルを右クリックし、「このデバイス上で常に表示する」に設定。ストレージを節約したい場合は、「空き容量を増やす」を選べばいい。利用するたびダウンロードする手間はあるが、その分PCのストレージを空けられる。

クリック

1 タスクトレイのOneDriveアイコンをクリックし、「その他」→「設定」とクリックする。

チェックを入れる

2 「設定」タブの「容量を節約し、ファイルを使用するときにダウンロード」にチェックを入れよう。

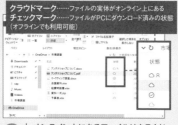

クラウドマーク……ファイルの実体がオンライン上にある
チェックマーク……ファイルがPCにダウンロード済みの状態（オフラインでも利用可能）

3 オンライン上にあるファイルはクラウドマークが付く。ファイルを開く際にPCにダウンロードされるようになる。

このデバイス上で常に保持する
空き領域を増やす

4 ファイルを右クリックし、「このデバイス上で常に表示する」もしくは「空き容量を増やす」で、ファイルの保存状態を変更できる。

---

08 スマホ写真のバックアップに カメラアップロード機能が便利!

スマホの写真を自動的に OneDriveへとバックアップ

スマホ写真の保管場所としては、「Googleフォト」などがメジャーだが、同様のことがOneDriveでも可能だ。スマホアプリの「カメラアップロード」を有効にすることで、スマホで撮影した写真や動画をOneDrive上にバックアップしておくことができる。OneDriveの容量は消費するが、PCにバックアップする手間もなくなるので便利な機能だ。

iOS **Microsoft OneDrive**
作者●Microsoft Corporation　料金●無料
カテゴリ●仕事効率化　対応●iPhone

Android **Microsoft OneDrive**
作者●Microsoft Corporation　料金●無料
カテゴリ●仕事効率化　対応●Android

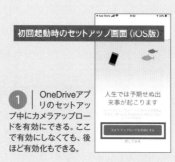

初回起動時のセットアップ画面（iOS版）

1 OneDriveアプリのセットアップ中にカメラアップロードを有効にできる。ここで有効にしなくても、後ほど有効化もできる。

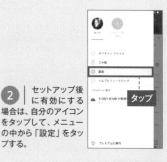

タップ

2 セットアップ後に有効にする場合は、自分のアイコンをタップして、メニューの中から「設定」をタップする。

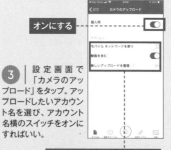

オンにする

アップロード設定も変更できる

3 設定画面で「カメラのアップロード」をタップ。アップロードしたいアカウント名を選び、アカウント名横のスイッチをオンにすればいい。

4 スマホ内の写真や動画がOneDriveへとアップロードされていく。PCで見たい場合は、OneDriveの「画像」→「カメラロール」を開こう。

09 OneDrive上のメディアファイルをスマホでストリーミング再生

音楽・動画ファイルをスマホからストリーミング

　端末上に実体を持たないOneDrive上のファイルを利用するには、原則的にファイルを一度端末へとダウンロードする必要がある。しかし、スマホ向けのOneDriveアプリには、ファイルのストリーミング機能があり、動画や音楽などのメディアファイルであれば、待ち時間なくストリーミング再生できる。ストリーミングは画質や音質は回線速度に応じて調整されるので、オリジナルと比べてやや落ちる場合もあるが、すぐに再生が始まるので、メディアの内容を確認したい場合は、OneDriveアプリがオススメだ。有料プランでOneDrive容量が潤沢にあるなら、メディアをOneDriveへとまるごと保存してしまうのも手だ。

PCではファイルのダウンロードが完了してから再生される

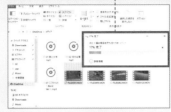

1 PCからOneDrive上のメディアファイルを再生するには、再生前にファイルをダウンロードする必要がある。

再生したいファイルをタップ

2 スマホではダウンロードしながらのストリーミング再生が可能。再生したいファイルを選ぼう。

3 再生前にストリーミングの準備が必要になるが、この画面は一瞬で終わる。

4 OneDrive上のファイルをストリーミングで再生できる。再生のたびにインターネット接続が必要だが、スマホの容量は圧迫しない。

10 Web上のあらゆる情報をワンクリックでOneNoteに保存する

Webの気になるニュースをOneNoteにスクラップしよう

　OneNoteでの情報収集の必須ツールが、ブラウザの拡張機能として提供されている「OneNote Web Clipper」だ。こちらをインストールしておくことで、ブラウザで表示しているサイトをOneNoteへと素早くクリップできる。あとでじっくりと読み返したいニュースや、熟考したい話題など、どんどんクリップしてしまおう。

　なお、ここでは「Microsoft Edge」での手順を紹介しているが、ChromeやFirefoxなどのブラウザでも拡張機能が配布されているので、自分の環境に合わせて導入しておこう。

Tool　OneNote Web Clipper（Edge用）
作者 ● Microsoft Corporation　料金 ● 無料
URL ● https://www.onenote.com/clipper?omkt=ja-jp

1 「OneNote Web Clipper」をインストールしたら「Edge」を起動し、機能を有効にする。

2 Edgeに追加された「OneNote」アイコンをクリック。初回はMicrosoftアカウントとでのサインインが必要になる。

保存するノートの場所を変更できる / クリップの実行

3 クリップするには「OneNote」ボタンをクリックし、「クリップ」をクリックすればいい。保存するノートも変更できる。

4 クリップしたWebページは、OneNoteアプリでいつでも確認できる。「描画」からマーカーや注釈を引くこともでき、情報整理に活用できる。

こんな
用途に
最適！

▶ グループワークでのコミュニケーションを円滑化
▶ 豊富な通知機能で、大事な要件を確実に伝える
▶ 「ひとりSlack」で情報収集ツール化する

クローズドなコミュニケーションに最適なチャットツール

Slack

リモートワークでも活躍する
社内やグループ内チャットツール

現代の働き方に必須な
多機能チャットツール

　近年は働き化も多様化が進み、リモートワークやテレワークなど、オフィス以外から業務に参加するスタイルも増えている。こうしたビジネススタイルが広がる中で、業務用のコミュニケーションツールとして支持を集めているのが「Slack」だ。

　LINEのグループのように、複数人でひとつのワークスペースに参加でき、案件に合わせてチャンネルの数を増やすことができる。必要であればメンションを付けて、チャンネルに参加している人物を指定してメッセージを送ることも可能。そして、なにより便利なのが、メールと違い、形骸化された挨拶抜きで要件を伝えられる点。情報のノイズがなくなるため、うまく導入できれば、日々の業務はさらにスムーズになる。

Tool **Slack**
作者●Slack Technologies, Inc.　料金●無料
URL ●https://slack.com/intl/ja-jp/downloads/windows

プロジェクトに合わせて
複数のチャンネルを使い分け

便利なBotを使って予定の
リマインダーを通知

大事な連絡「ピン留め」で
伝え忘れを防げる

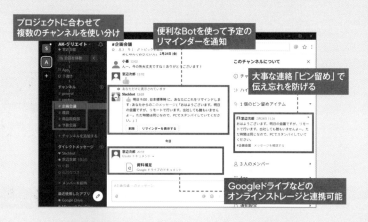

Googleドライブなどの
オンラインストレージと連携可能

ブラウザでも利用可能

ここでは専用アプリでの手順を紹介しているが、SlackはWebベースのサービスなので、ブラウザからでもほぼ同様の機能を利用できる。使いやすい方を選ぼう。

Slackの始め方

1 Slackのサイトにアクセスする

Slack（https://slack.com/）にブラウザでアクセスし、右上の「SLACKを始める」から、Slackのアカウントやワークスペースの作成を進める。

2 アプリでサインインする

Slackアカウントを発行できたら、アプリで「サインイン」をクリック。ワークスペース名やアカウント情報を使ってサインインしていく。

3 新規登録の手順を進める

Slackアプリでログインできたら、「新規登録を終了する」から、ログインパスワードなどの初期設定を済ませておこう。

01 Slackのワークスペースに チームのメンバーを招待する

同じ業務を行なうメンバーを Slackへ招待しよう!

まず最初に覚えておきたいのが、Slackのワークスペースへのメンバー追加だ。メンバーの追加は、アカウントの発行時や、Slackの初期設定画面で行なえるが、それらの段階で招待しなかった場合は左のリストの「メンバーを招待」から行なっていく。メンバーの追加は、相手へ勧誘メールを送り、相手が応えて初めてワークスペースに参加できる方式。部外者に勝手に入られることがなく、匿名性を保てるので安心しよう。

なお、相手のメールアドレスが分からない場合は、「招待リンク」を作成する方法もあり、そちらのURLにアクセスすることでもワークスペースに参加できる。自分が利用しやすい方を選ぼう。

クリック

1 メンバーをワークスペースに招待するには、左のリストから「メンバーを招待」をクリック。

※誘いたい相手のメールアドレスを入力

招待メールを送信

2 相手のメールアドレスを入力し、「招待を送信する」をクリックすれば、相手に招待メールが送られる。

リンクからこのワークスペースにログインできる

リンクをコピーする

3 招待リンクを利用する場合は、前の手順で「招待リンクを共有する」をクリック。リンクをコピーして相手に伝えればいい。

招待された側

こちらからアカウントを発行して参加できる

4 招待された人はSlackから招待メールが届く。メールにある「今すぐ参加」から氏名やパスワードを設定すればサインインできる。

02 チャンネルからの通知を使いやすく カスタマイズする

大事な情報を見逃さない ための通知設定

Slackではチャンネルに新規メッセージが投稿されると、デスクトップに通知が届く。大事な要件を欠かさずチェックできる便利な機能だが、Slackは複数のチャンネルに所属できるため、自分が直接的に関わっていないチャンネルからの通知が届きすぎるのも困ってしまう。大事な通知が埋もれてしまう可能性もあるので、チャンネルに合わせた通知設定へカスタマイズしていこう。

これには通知をカスタマイズしたいチャンネルを開き、歯車アイコンの「通知設定」をクリックする。おすすめは「メンションのみ」だ。こうすることで、自分が指名されたメッセージが送られた時のみ、通知が届くようになる。

新規メッセージの通知

1 初期設定ではすべてのメッセージが通知されるようになっているため、通知が邪魔に感じる場合もある。

通知を変更したいチャンネルを開く

歯車アイコンから「通知設定」を開く

2 通知を変更したいチャンネルを開き、歯車アイコンから「通知設定」をクリックする。

モバイル端末への通知設定を個別に設定できる

3 通知を「メンションのみ」に設定しておこう。これで自分が指定されたメッセージだけに通知が届く。

ワークスペース全体の通知を変更

ワークスペース全体の通知設定を変更

ワークスペース全体の通知を見直すことも可能。ワークスペース名の右にある「v」→「環境設定」→「通知」で通知方法を選ぼう。

03 Slackのチャットの基本的なテクニックを覚える

チャンネルの追加・参加とメンションの送り方

Slackを利用するために必須の知識が2つある。まずはプロジェクトや議題に沿ったチャンネルの作成だ。複数のプロジェクトを同時進行しているなら、プロジェクトごとにチャンネルを分けることで情報の混雑を防ぐことができる。チャンネルはワークスペースのメンバーであれば誰でも参加できる「パブリック」と招待制の「プライベート」があるので、チャンネルの用途やメンバーに合わせて使い分けよう。

もうひとつが「@」で利用できるメンションだ。メンバーを名指しで通知を送ったり、アクティブなメンバー全員に通知を送るといったメッセージテクニック。まずは、これらをしっかりと覚えておこう。

②チャンネルを新規に作る場合（今回の手順）

①クリック
参加できるチャンネルを検索できる

1 チャンネルを作成するには、「チャンネルを追加する」をクリックし、「チャンネルを作成する」をクリック。

誘った人だけ参加できるプライベートチャンネルにできる

名前と説明を入力する

2 チャンネルの名前と説明を入力してチャンネルを作成。参加するメンバーに招待を送ろう。

名指ししたい相手を選ぶ

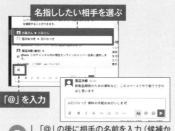

「@」を入力

3 「@」の後に相手の名前を入力（候補から選んでも良い）。@+名前に続くようにメッセージを作成すれば、名指しで通知を送れる。

4 「@here」でチャンネルのオンラインメンバーへ通知、「@channel」でオフラインを含めて全てのユーザーに通知を送ることもできる。

04 Slackの絵文字を使ってニュアンスを表現しよう

絵文字はリアクションや「既読」代わりに利用できる

Slackのチャットツールではおなじみの絵文字も利用できる。絵文字と聞くとカジュアルなイメージがあるが、投稿されたコメントに感情を表したり、ニュアンスを伝えやすくするという効果もあるので、ビジネスシーンでも貢献度は高い。また、投稿された内容に絵文字でリアクションすることで、「既読」代わりに利用するというテクニックもオススメだ。こうして、メンバー間でルールを決めて活用していくと、コミュニケーションがさらに円滑に進められるので、ぜひ絵文字も利用してみよう。なお、画像ファイルをアップロードして絵文字として追加することもできる。チームで使いやすいようにカスタマイズしていこう。

②絵文字を選択

①クリック

1 コメントに絵文字を追加するには、入力欄の絵文字マークをクリックして、入力したい絵文字を選べばいい。

絵文字でのリアクションを追加できる

2 絵文字でリアクションするには、コメントをクリックして「リアクションする」をクリック。絵文字でリアクションを追加できる。

クリック

3 絵文字を追加するには、絵文字マークをクリックして、絵文字一覧から「絵文字を追加する」をクリック。

絵文字にしたい画像を選ぶ

絵文字の名前を入力

4 「画像をアップロードする」から絵文字にしたい画像を選び、絵文字の名前を入力。「保存する」で絵文字を追加できる。

05 アプリ連携機能で クラウドサービスとの連携も可能

Googleドライブや OneDriveを追加する

Slackではさまざまなサービス・機能がアプリとして用意されていて、Slackの機能を拡張することができる。たとえば、「Googleドライブ」や「OneDrive」などのオンラインストレージのアプリをインストールしておけば、ワークスペースの容量を消費せずに、大容量ファイルをチャンネル内のメンバーとやり取りできるようになる。また、「Googleドライブ」アプリでは、Slack上からGoogleドキュメントを直接作成できるといった機能もあり、ドキュメントの作成から共有といった手順がスムーズになる。これらの他にも生産性向上につながる便利なアプリが多々用意されているので、自分が使っているサービスを探してみよう。

1 Slack用のアプリを追加するには左のリストから「App」をクリックする。

2 Slack用アプリが表示される。こちらから選んだり、「Appディレクトリ」からアプリストアにアクセスできる。

3 アプリを追加すると「最近使用したアプリ」にアプリごとにトークルームが追加され、使い方などのガイダンスを確認できる。

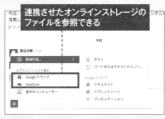

4 オンラインストレージ系のアプリはファイルの添付に便利。添付ボタンからファイルを参照したり、Googleドライブでは、ドキュメントの新規作成も可能。

06 チャンネルのメンバーと 無料通話・ビデオ通話でリモート会議

電話番号を知らなくても Slackで通話できる!

Slackはユーザー間での無料通話にも対応しているため、相手の電話番号やLINEを知らなくても、音声通話やビデオ通話をかけることができる。データ通信での通話となるので、電話料金はかからないため、長電話もOK。チャットだけでは伝えるのが難しい案件や、急ぎの連絡などは通話でのコンタクトがおすすめだ。Slackの有料プランを利用していれば、最大15名まで参加できるグループ通話や、自分のデスクトップを相手に見せながらのビデオ通話も利用できる。

なお、通話を発信・受信するためにはSlackアプリ（スマホも含む）、ブラウザでは「Google Chrome」でのサインインが必要。その他のブラウザでは通話機能が利用できないので注意しよう。

1 通話をかけたい相手とのダイレクトメッセージ画面を開き、通話ボタンをクリックする。

2 通話をかけられたユーザーは、ポップアップで着信が表示される。なお、通話を利用するにはアプリか、Chromeでのサインインが必要だ。

3 相手が着信に応えれば、通話が開始される。基本は音声通話だが、ビデオボタンからビデオ通話も可能だ。

4 スマホのSlackアプリをインストールしてあれば、スマホで通話を受けることもできる。

07 Slackを自分好みの設定に カスタマイズする

さらに便利に・効率的に 使うためのテクニック

Slackは標準設定のままでも十分に使いやすいが、働き方に合わせていくつかの設定を見直せば、さらに便利で効率よく使いこなすことができる。たとえば、通知時間の見直しだ。Slackではメンションなどで通知が届くが、深夜になると「おやすみモード」に切り替わり、自動的に非通知になる。通知で睡眠を妨害されるのを防げるありがたい機能だが、リモートワークやピークシフトで、コアタイムが異なる場合は、「おやすみモード」の非通知時間帯を調整しよう。

また、即レスしたい大事な話題、見逃したくない話題は「マイキーワード」への登録が便利。キーワードが含まれるチャットが投稿されると、通知が届いて見逃しを防げる。

コアタイムに合わせて非通知時間を変更

1 おやすみモードの時間を調整しよう。ベルマークから「おやすみモードのスケジュール」をクリックする。

2 自分のライフサイクルに合わせて、非通知状態にしたい時間帯を設定しよう。

「マイキーワード」で見逃しを防ぐ

1 ワークスペースの環境設定を開き、「マイキーワード」に通知させたいキーワードを入力する。

2 キーワードが投稿されると通知が届き、チャンネルにはバッチが付く。また、キーワードもハイライトされるので、見逃しを防げる。

---

08 誰も誘わない「ひとりSlack」で 情報収集・整理にも活用もできる

アプリをフル活用して 情報収集ツールとして使う!

コミュニケーションツールとして優秀なSlackだが、アプリとの連携を利用すれば強力な情報収集ツールにもなる。そこで、産まれたアイデアが「ひとりSlack」だ。自分だけのSlackワークスペースを作成し、情報収集アプリやIFFTTなどの自動化アプリと連携することで、チャンネルに次々に最新ニュースを投稿するというニュース受信プラットフォームを作ることができる。

今回は「RSS」アプリを使って、ニュースのRSSを自動取得する方法を紹介していく。この他にも「Twitter」アプリを利用すれば、特定のアカウントのツイートを自動表示するといった情報収集も可能になるので、そちらもオススメだ。

1 「App」をクリックして「RSS」でキーワード検索。「RSS」アプリを追加していこう。

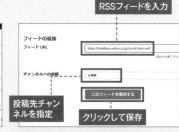

2 RSSフィードのURLを入力し、投稿させたいチャンネルを選ぶ。その後「このフィードを購読する」をクリックしよう。

3 RSSフィードは複数登録できる。チェックしたいニュースサイトなどを一通り登録していこう。

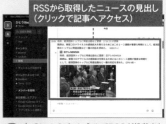

4 SlackのチャンネルでRSSが投稿される。Slackを眺めているだけで、トレンドのニュースを手軽にチェックできる。

09 テキスト装飾機能で メッセージの注目度を上げる

ブログエディター風に チャットの文字装飾ができる

投稿したチャットに気づいてもらえずに、大事な内容がスルーされてしまう。Slackの文字装飾機能を活用すれば、こうした悩みを解決してくれる。Slackの入力欄には、ブログエディター風の簡易的な文字装飾機能が備わっている。たとえば、特定の文字を太文字（ボールド）にすれば否応なしに注目度は上がり、大事なキーワードの見落としも減るはずだ。

他にも、1,2,3……と続く順序付きリストを作ったり、箇条書きリストも手軽に作成できる。アイデアをまとめたり、説明内容をわかりやすくまとめるのに便利だ。特定の文字にリンクを張ったり、コメントを引用形式で投稿するといったことも可能で、活用の幅は広い。

太文字（ボールド）

文字を選択して「B」をクリックすれば、選択部分が太文字になる。大事なフレーズを強調したい場合に有効。

順序付きリスト

「…」から「順序付きリスト」を選べば1番から始まるリストを作れる。「箇条書き」にも対応している。

リンクの作成

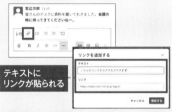

「…」から「リンク」をクリック。投稿するテキストに対してのURLリンクを設定できる。

コメントの引用を表す

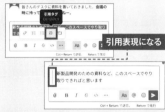

「…」から「引用タグ」を選べば、選択している範囲のテキストを引用形式で投稿できる。過去の投稿を引用したことを表現したい場合に便利。

---

10 大切なメッセージやイベントを 見逃さないためのテクニック

大事な報告はピン留めと リマインダーを設定する

大人数が参加するチャンネルでは、会話が高速に流れてしまい、大事なお知らせが目に留まらない場合もある。こうなると、ログを追い返すのも大変なので、特に大事なメッセージや連絡事項は「ピン留め」しておくといい。ピン留めしたメッセージはチャンネルの概要欄から素早く確認できる。概要欄は常時表示しておくことができるので、見落としを未然に防げる。

また、スケジュール管理機能も便利。「後でリマインドする」機能を使えば、指定した時間にSlackbot（アシスタントロボット機能）を通じて通知を受け取ることも可能。スケジュール管理ツールとしてもSlackは優秀だ。

大事なメッセージを常時表示する

1 大事なメッセージを常に表示したい場合は「⋮」から「チャンネルへピン留めする」を選ぶ。

2 チャンネルの概要欄（「i」で表示）に、ピン留めしたメッセージが表示されるようになる。連絡事項の確認に便利だ。

メッセージにリマインダーを設定する

1 メッセージを後で通知するには、「⋮」→「後でリマインドする」から時間を設定する。

2 リマインダーが設定され、時間がくるとSlackbotから通知が届く。イベントのうっかり忘れを防ぐのに効果的。

こんな
用途に
最適!
▶ 連絡先やスケジュールなどをiPhoneと連携させたい
▶ クラウドにデータを保存してPCの容量を節約したい
▶ オフィスアプリを無料で使いたい

iPhoneとPCをシームレスに連携!

iCloud

アップル純正クラウドサービスなら、面倒な設定不要!

iPhoneユーザーなら絶対に使うべきクラウドサービス

スマートフォンはiPhoneで決まり、という人であれば、「iCloud」の存在は絶対に知っているはず。iCloudはiPhoneの製造元であるAppleが提供する統合クラウドサービスで、無料で取得できる「Apple ID」を使ってサインインすることで、さまざまな機能を利用できる。

iCloudはMacに特化したサービスと思われがちだが、もちろんWindowsでも利用可能。事前にツールをインストールするひと手間は必要だが、WindowsやMac、何より日常的に持ち歩いているiPhoneと、あらゆるデータをシームレスに、特別な操作をすることなく連携できる点は、iCloudの最大の魅力だ。

Tool **iCloud**
作者 ● Apple Inc.　料金 ● 無料
URL ● Microsoft Store

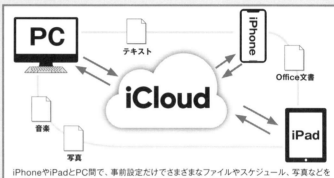

iPhoneやiPadとPC間で、事前設定だけでさまざまなファイルやスケジュール、写真などを「同期」できるのがiCloudの最大の特徴。すべてが無料で利用できる点もうれしい。

iCloudの主な機能

機能	説明
データの同期	ウェブブラウザーのブックマーク、連絡先、カレンダーのスケジュール、タスクをiPhoneと同じ状態に常に保つ。連絡先とスケジュール、タスクは、WindowsのOutlookに同期される。
iCloud Drive	5GBのオンラインストレージ。エクスプローラーでPCの内蔵ドライブと同じ感覚で利用できる。容量は有料で増やすこともできる。
写真のやり取り	Windowsに取り込んだ写真、iPhoneで撮影した写真を、全自動で双方に送ることができる。もちろん、煩わしいケーブル接続は不要。
iCloudメール	「～@icloud.com」のメールアドレスを無料で取得できる。このメールアドレスをOutlookに設定すれば、送受信履歴をiPhoneとPCで同期できる。
ウェブアプリ	ウェブブラウザ上でプラットフォームを問わずに利用できるアプリ。ワープロ、表計算、プレゼンなどのオフィス系アプリも用意されている。
iPhoneを探す	ウェブブラウザから、同じApple IDでサインインしているiPhoneのある場所を探し、地図上に表示する。
音楽の同期	iTunesのライブラリを、ワイヤレスかつ自動的にiPhoneと同期できる（要Apple Musicへの加入）。

WindowsにiCloudをインストール

❶

iCloudを利用するためのツールは、Microsoft Storeで無料配布されているので、ダウンロード、インストールしておく。

❷

インストールすると、スタートメニューに「iCloud」が追加されるので、これをクリックして起動する。

❸

初めて起動したときは、Apple IDのメールアドレスとパスワードを入力してサインインする。Apple IDを持っていない場合は、iPhoneから取得しておこう。

01 エクスプローラー上での iCloudの操作

内蔵ストレージと 同じ操作で利用できる

　iCloudのサービスの1つである、オンラインストレージの「iCloud Drive」。これはiCloudユーザーに割り当てられているインターネット上の専用保存領域（無料ユーザーの場合は最大約5GB）に、PCやiPhoneからさまざまなデータを保存できるというものだ。

　オンラインストレージといっても、PCの内蔵ストレージと同様に、エクスプローラーから利用できる。iPhoneと大きいファイルサイズのデータをやり取りしたい場合は、iCloud Driveを利用するのが最も効率的だ。なお、iPhoneでは付属の「ファイル」アプリでiCloud Driveにアクセスできる。

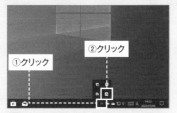

1 タスクバーの「iCloud」アイコンをクリックする。アイコンが表示されていない場合は、「∧」をクリックして表示させる。

2 iCloudのメニューが表示されるので、「iCloud Driveを開く」をクリックする。エクスプローラーのウィンドウのクイックアクセスにある「iCloud Drive」をクリックしても同様だ。

3 エクスプローラーのウィンドウが開き、iCloud Driveの中身が表示される。操作方法はPCの内蔵ストレージの場合と同じで、ファイルをコピーしたり、フォルダーを作ったりできる。

4 iPhoneの場合は、付属の「ファイル」アプリで「ブラウズ」をタップするとiCloud Driveの中身にアクセスできる。

02 iCloud Driveの 容量を増やす

大容量データを保存する 場合は容量アップしよう

　iCloud Driveの容量は初期設定では約5GBだが、デジカメで撮影した写真などの大容量データを貯めておくと、すぐにいっぱいになってしまう。また、iCloud DriveにはiCloudメールでの送受信履歴、添付ファイルの履歴も保存されるため、実際は5GBよりも少ない容量しか利用できない。容量不足と感じたら、有料になってしまうが増やすことができる。とはいえ50GBへの容量アップで月額130円からと、比較的手軽な価格設定になっているので、空き容量不足がストレスになるくらいであればすぐに容量を増やしてしまおう。なお、支払いにはクレジットカードかプリペイドカードを使用する。

1 スタートメニューで「iCloud」をクリックすると表示される画面で、「保存容量」をクリックする。

2 「ストレージを管理」の画面が表示されるので、「さらにストレージを購入」をクリックする。この画面ではiCloud Driveの空き容量とその内訳が確認できる。

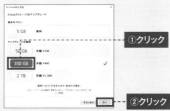

3 目的のプランをクリックして選択し、「次へ」をクリックする。プランは「50GB」「200GB」「2TB」の3種類が用意されている。

4 選択したプランが正しいことを確認し、Apple IDのパスワードを入力して、「購入する」をクリックする。次の画面で支払い方法を選択しよう。

03 Webでアクセスするだけでも かなり便利に利用できるiCloud

ブラウザーで利用できる iCloudのサービスとアプリ

　iCloudユーザーには、iCloudで提供されているすべてのサービス、機能が集約された専用のウェブページが用意されている。この専用ウェブページにアクセスすれば、iCloudメールの送受信やiPhone、PCからアップロードした写真の閲覧、スケジュールの確認などができる。さらに、ワープロや表計算等のビジネスアプリも用意されているので、積極的に利用したい。

　専用のウェブページは、iCloudのツールがインストールされていないPCからもブラウザーでアクセスできるので、自分のPCが手元になくてもiCloudが利用できるのが便利だ。

① タスクバーの「iCloud」アイコンをクリックして、「iCloud.comに移動」をクリックする。ブラウザーのアドレスバーに「icloud.com」と直接入力してアクセスしてもいい。

② ブラウザーが起動してiCloudのページが表示される。Apple IDのメールアドレスとパスワードを入力して、手順を進める。

③ 2ファクタ認証が有効の場合、iPhoneに6桁の数字の確認コードが届くので、これをPCのブラウザーで入力する。

④ iCloudの専用ページが表示される。各アイコンをクリックすると、そのサービスや機能、ウェブアプリが利用できる。アプリの切り替えは、画面左上から行う。

04 iPhoneの現在地を 地図で確認する

iPhoneを紛失してしまったら、PCから探そう!

　どこかにiPhoneを忘れてきてしまった!というような場合でも、iCloudのサービスの1つである「iPhoneを探す」を使えば、置き忘れた場所、つまり今iPhoneがある位置が地図上で確認できる。PCを使ってiCloudの専用ページにアクセスして、すぐにチェックしよう。「iPhoneを探す」では、地図でiPhoneの現在地を確認できるだけでなく、拾得者にメッセージを送りつつ個人情報にアクセスできないようにロックする「紛失モード」や、データをリモート消去する「iPhoneを消去」といった機能が利用できるので、緊急の際にはこれらの機能を使うといいだろう。

① 事前にiPhoneの「設定」で「(ユーザー名)」→「探す」とタップし、「iPhoneを探す」をオンにしておこう。

② PCのブラウザーでiCloudの専用ページにアクセスし、「iPhoneを探す」のアイコンをクリックする。

③ Apple IDのパスワードを入力して、「サインイン」をクリックする。

④ iPhoneの現在地が地図上で示される。吹き出しをクリックするとメニューが表示され、紛失モードやiPhoneを消去といった機能が利用できる。

05 iWorkアプリをWindowsマシンで利用できる（ウェブアプリ）

ブラウザーだけで使える、無料オフィスアプリ

ビジネス文書を作るためのオフィスアプリも、iCloudユーザーなら誰でも無料で利用できる。しかも、iCloudの専用ページにブラウザーでアクセスして利用するウェブアプリとして提供されているので、PCに別途アプリをインストールする必要もない。

ウェブアプリとはいえ、iCloudで提供されているワープロ、表計算、プレゼンテーションの機能は本格的なもので、作成した文書はWord形式、Excel形式、PowerPoint形式でそれぞれ書き出すこともできる。保存した文書をiCloud Driveに保存すれば、PCとiPhoneで共有し、どちらからでも編集できるのも便利だ。

ビジュアル文書も簡単に作れる
Pages

ワープロアプリの「Pages」では、豊富に用意されたテンプレートから好みのデザインを選択することで、誰でも簡単に、ビジネス文書やフライヤーなどを作成できる。

関数も使える表計算
Numbers

表計算アプリの「Numbers」では、表の作成はもちろん、入力したデータからさまざまな形式のグラフも作成できる。Excelの主要な関数もそのまま使える。

美麗なプレゼンテーションもお任せ
Keynote

多彩なアニメーション効果が利用できるプレゼンテーションスライド作成アプリの「Keynote」。スライドショームービーの書き出しにも対応している。

06 iWorkアプリは共同編集も可能!

クラウドを介して、複数人で文書を作り上げる

iCloudの専用ページから利用できるウェブアプリの「Pages」「Numbers」「Keynote」では、現在開いている文書を他のユーザーにシェアして、共同編集できる。これまで複数人で1つの文書を作成する場合、ファイルをUSBメモリや電子メールの添付ファイルなどを介してやり取りするのが一般的だったが、これではどのファイルが最新なのかが分かりづらくなってしまい、最悪紛失するリスクもある。iCloudのウェブアプリのように、クラウドを介した共同編集であれば、こうしたリスクは起こり得ないうえ、招待した相手しか文書を編集、閲覧できないので、セキュリティ的にも安心だ。

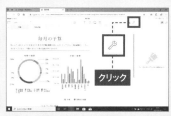

1 iCloudの専用ページから、各ウェブアプリで共同編集する文書を開いておき、画面上にある共同編集のアイコンをクリックする。

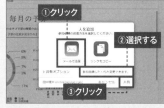

2 「メールで送信」をクリックして選択し、「共有オプション」で「参加依頼した人のみ変更できます。」を選択して、「共有」をクリックする。

3 共同編集する相手のメールアドレスを入力して、メールを送信する。メールを受け取った相手は、本文内の「共有スプレッドシートを開く」をクリックすると共同編集できる。

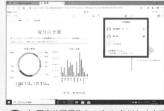

4 再度共同編集のアイコンをクリックすると、この文書の編集に参加しているユーザーが表示される。なお、共同編集はApple IDを持っているユーザーのみが行える。

Evernoteのようにも使える
純正メモアプリ

ちょっとしたメモを書き留めるのに便利に使える

　iPhoneでちょっとしたメモを書き留めるのに便利な「メモ」アプリ。このアプリを使って書き留めたメモも、iCloudを介してPCで読むことができる。メモを読むにはiCloudの専用ページにブラウザでアクセスし、ウェブアプリの「メモ」を起動すればいい。ウェブアプリの「メモ」でも、もちろんメモを書くことができるので、PCで書いたものも瞬時にiPhoneに同期されるのは便利だ。

　メモは単なるテキストの入力だけでなく、フォントサイズなどの書式を設定したり、チェックリストを作ったりできるので、本格的な文書の下書きツールとして使うのもアリだろう。

1 iCloudの専用ページから利用できるウェブアプリ版「メモ」。PCやiPhoneで書き留めたメモを一元的に管理し、iPhoneに同期されるメモを書き留めることができる。

2 メモの中には表を挿入することができる。また、タイトルや本文などの文の属性に応じた書式（スタイル）を設定して、テキストの見栄えを整えることも可能だ。

3 チェックリストを作ることもできるので、買い物リストやタスク、ToDoとして使うのもおすすめだ。Outlookなどのタスク管理アプリを持っていない場合は、ウェブアプリの「メモ」で代用できる。

4 iPhoneの「メモ」アプリでは、手書きメモを作ったり、メモの本文に写真を貼り付けたりできる。こうしたメモはウェブアプリでは作れないが、同期はされるのでPCから閲覧可能だ。

メモアプリは
共同編集も可能!

メモの内容を他ユーザーとかんたんに共有できる

　ウェブアプリの「メモ」で作成したメモは、Apple IDを持っている他のユーザーと共有できる。1つのメモを介して、仕事の同じプロジェクトに関わっているユーザー同士で意見を出し合うようなときに、このメモの共同編集機能を使うとスマートだ。

　メモの共有方法は、PagesやNumbers、Keynoteなどの他のウェブアプリと同様で、相手のメールアドレス宛にメールを送信して招待することで始められる。相手がスマートフォンをメインに使っているユーザーであれば、メールの代わりにSMS（MMS）のメッセージでメモへのリンクを送って招待することもできる。

1 共同編集するメモをウェブアプリの「メモ」で開いておき、画面上にある共同編集アイコンをクリックする。

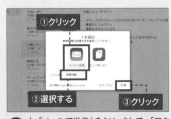

2 「メールで送信」をクリックして、「アクセス権」で「変更可能」を選択し、「共有」をクリックする。SMSでリンクを送る場合は、「リンクをコピー」をクリックして手順を進める。

3 相手のメールアドレスを入力してメールを送信する。メールを受け取った相手は、本文の「共有メモを開く」をクリックすると、招待を受諾したことになる。

4 再度共同編集アイコンをクリックすると、現在開いているメモを共同編集するユーザーが確認できる。共同編集を止めるには、ここで「共有を停止」をクリックする。

09 連絡先は Outlookと同期も可能!

連絡先、タスク、スケジュールを同期しよう

　iPhoneなどのスマートフォンを、かつてのシステム手帳代わりに使っているなら、スケジュールやタスク、連絡先の管理は、iPhoneの純正アプリが重宝する。こうしたデータをiPhoneに集約するのもいいが、PCでもスケジュールをチェックしたい、連絡先に登録したメールアドレス宛にメールを送りたいといった場合もあるはず。そんなときは、PC用の個人情報管理アプリである「Outlook」とこれらのデータを同期すればいい。iCloudのツールを使って同期を有効にすれば、自動的にOutlookとの同期設定が行われる。なお、これらのデータはiCloudの専用ページのウェブアプリからも参照、編集できる。

1 スタートメニューで「iCloud」をクリックしてこの画面を表示し、「メール、連絡先、カレンダー、およびタスク」にチェックを入れ、「適用」をクリックする。

2 Outlookで「連絡先」をクリックすると、サイドバーに「iCloud」が追加されていることが確認できる。この「iCloud」をクリックすると、iPhoneの連絡先が表示される。

3 Outlookで「To Do」をクリックしても、サイドバーに「iCloud」が追加され、iPhoneとリマインダー（タスク）が同期される。

4 Outlookで「予定表」をクリックし、サイドバーの「iCloud」の各カレンダーにチェックを入れると、スケジュールも同期される。Outlookで追加したスケジュールもリアルタイムでiPhoneに反映される。

10 iOSのブックマークは Windowsでも活用できる

iPhoneのブックマークを Chromeに同期できる

　ウェブブラウザのブックマーク（お気に入り）も、iCloudを使えばPCとiPhone間で簡単に同期できる。どちらか一方で追加したブックマークが、リアルタイムでもう一方に自動反映されるため、よく閲覧するウェブページにどちらのデバイスからでもすばやくアクセスできるようになるので便利だ。

　ブックマークを同期できるのは、iPhone付属のSafariと、PCのChrome、Internet Explorer、Firefoxだ。残念ながら、現時点ではWindows 10の標準ブラウザ「Microsoft Edge」には対応していない。

1 スタートメニューで「iCloud」をクリックすると表示される画面で、「ブックマーク」にチェックを入れ、「オプション」をクリックする。

2 iPhoneのSafariとブックマークを同期するウェブブラウザーにチェックを入れ、「OK」をクリックする。

3 「適用」をクリックすると、選択したウェブブラウザーによってはこのようなメッセージが表示されるので、「ダウンロード」をクリックする。

4 選択したウェブブラウザーが起動して、機能拡張「iCloudブックマーク」のダウンロードページが表示される。この画面から機能拡張をダウンロード、インストールしよう。

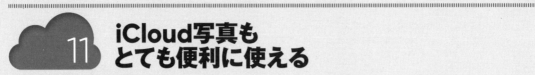

11 iCloud写真も とても便利に使える

iPhoneとPC間の写真の やり取りが瞬時にできる!

iPhoneで撮った写真をPCの大きな画面で見たい場合、通常はケーブルでそれぞれを接続してiPhoneから写真を転送するが、iCloudならそんなわずらわしいことをする必要はない。同じApple IDでiPhoneとPCのiCloudのツールにサインインし、写真の同期を有効にすれば、以降iPhoneで写真を撮影すると即座に、PCの所定のフォルダーにその写真がコピーされるのだ。もちろんコピーはワイヤレスで行われる上、iPhoneとPCが同じWi-Fiアクセスポイントに接続されている必要もない。外出先で撮影した写真でも、iPhoneが携帯電話回線を通じて通信できる状態であれば、コピーされる。

ただ、写真のデータ量は大きいため、携帯電話回線を使ってのコピーでギガを消費したくないという人もいるだろう。このような場合は、iPhoneの「設定」アプリで「写真」→「モバイルデータ通信」をタップし、「モバイルデータ通信」のスイッチをオフにすれば、Wi-Fi接続時のみ、写真がコピーされるようになる。また、iCloud写真はiCloudストレージを消費することも覚えておこう。標準の5GBはすぐ足りなくなってしまう。

PCからiPhoneへの写真のコピーも、タスクバーから簡単に行える。PCからコピーした写真は、iPhoneに標準で付属する「写真」アプリの「マイアルバム」から表示できる。

写真を同期するように設定する

1 スタートメニューで「iCloud」をクリックすると表示される画面で、「写真」にチェックを入れ、「オプション」をクリックする。

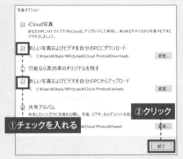

2 「新しい写真およびビデオを自分のPCにダウンロード」と「新しい写真およびビデオを自分のPCからアップロード」にチェックを入れ、「終了」をクリックする。

iPhoneで撮った写真をPCで確認する

1 iPhoneに標準で付属する「カメラ」アプリを使って写真を撮影する。撮影した写真はまず、同じく標準アプリの「写真」の「カメラロール」というアルバムに保存される。

2 PCで既定のフォルダー(「ピクチャー」→「iCloud写真」→「ダウンロード」)を開くと、iPhoneで撮影した写真や動画が保存されていることが確認できる。

PCからiPhoneに写真をコピーする

1 タスクバーのiCloudアイコンをクリックすると表示されるメニューで、「写真をアップロード」をクリックする。

2 コピーする写真を選択して、「開く」をクリックする。なお、ここで選択した写真は、iCloudの専用ページで「写真」アイコンをクリックしても表示できる。

12 友だちや家族に
クラウド経由で写真を見せる

「iCloud共有アルバム」アプリを使おう!

　田舎に住む両親に子どもの写真を見せたい、旅行で撮った写真を友達と共有したいといった場合、写真をメールで送るのは今ひとつスマートではない。特に写真が何枚もある場合、メールだと受け取る側に大きな負担をかけてしまうことになってしまう。せっかくiCloudを使っているのであれば、「iCloud共有アルバム」を使って、スマートに写真を共有しよう。

　iCloud共有アルバムは、iCloudのツールと一緒にインストールされるアプリで、これを使えば、PC内の写真を選んで相手を招待するだけで、写真を共有できる。相手は好きなタイミング、負担のかからない環境で、共有された写真を閲覧可能だ。

クリック

1 スタートメニューで「iCloud共有アルバム」をクリックしてアプリを起動し、「新規共有アルバム」をクリックする。

①メールアドレスを入力
②アルバム名を入力
③クリック

2 共有相手のメールアドレスを入力して、アルバムの名前を入力し、「次へ」をクリックする。

クリック

3 このようなウィンドウが表示されるので、「写真またはビデオを選択」をクリックする。

①写真を選択
②クリック

4 共有する写真を選択して、「開く」をクリックする。前の画面に戻るので、そこで「終了」をクリックすると、共有アルバムへのリンクが記載されたメールが相手に送られる。

---

13 WindowsでiCloudメールを
送受信する方法は?

Outlookやウェブアプリを使おう!

　iCloudユーザーなら無料で取得できる「○○○○@icloud.com」のメールアドレス。このiCloudメールをiPhoneのメインアカウントとして使っている人も多いはず。このメールアドレスを使って、PCからもメールを送受信できる。その方法は、OutlookにiCloudメールのアカウントを追加するものと、iCloudの専用ページに用意されているウェブアプリの「メール」を使うものだ。

　Outlookへのアカウントの追加は、iCloudのツールで行える。ウェブアプリはiPhoneの純正「メール」アプリに近いインターフェースが採用されている。

Outlookにアカウントを追加する

①チェックを入れる
②クリック

1 iCloudのツールで、「メール、連絡先、カレンダー、およびタスク」にチェックを入れ、「適用」をクリックする。

クリック

2 Outlookを起動して、Apple IDのパスワードを入力すると、サイドバーにiCloudメールのアドレスが表示される。この中の「受信トレイ」をクリックする。

ウェブアプリを使う

クリック

1 iCloudの専用ページにウェブブラウザーを使ってアクセスし、「メール」をクリックする。

2 ウェブアプリの「メール」の画面に切り替わる。ここでiCloudメールのアドレスを使ったメールの送受信や、メールの閲覧、管理が可能だ。

つながる、広がる、新感覚のクラウドメモ

Scrapbox

アプリ不要、シンプルだから使いやすい

Scrapboxとはどんなツール？

　今、注目を集めているクラウドベースのメモツールが「Scrapbox」だ。Scrapboxは専用アプリではなく、ウェブアプリとして提供されているため、プラットフォームを問わず、いつでも、どこからでもメモを書くことができる。

　その最大の特徴は、個々のメモが相互にリンクでつながることと、メモごとに個別のURLが発行されることだ。細切れのアイディアをリンクさせて集約できるため、たとえば特定のテーマに関する解説コンテンツを作るといった用途に役立つだろう。また、URL発行で特定の人、あるいは不特定多数がメモにアクセスできるため、共同でアイディアを出し合ったり、ブログのような発信ツールとして使ったりできる。

Tool Scrapbox
作者 ● Nota Inc.　料金 ● 無料
URL ● https://scrapbox.io/

アプリ不要だからどのデバイスからでも利用できる

シンプルで使いやすいインターフェイス

メモ同士を相互にリンクして連携できる

個々のメモや、複数メモのまとまりを共有、公開できる

Googleアカウントで登録しよう

①

Scrapboxの公式ページにアクセスして、「いますぐお試し」のバナーをクリックする。すでに登録済みの場合は、右上の「ログイン」をクリックする。

②

自分のGoogleアカウントを使ってログインする。Gmailのメールアドレスとそのパスワードを入力しよう。

③

初めてログインする場合は、ユーザーネームを設定する。このユーザーネームは、メモごと、メモのひとまとまりごとに発行されるURLの一部に含まれるようになる。

01 Scrapboxは 「プロジェクト」と「ページ」で構成される

まずは新しいページを 作ってみよう

Scrapboxでは、個々のメモのことを「ページ」と呼ぶ。前述のように個々のページはリンクで相互に関連付けることができる。また、ページは1行目がそのタイトルになり、2行目以降がメモの本文になる。特にタイトルは、他のページとリンクさせるときに重要になるので、適切なタイトルを付けるように心がけよう。

特定のテーマに沿った複数のメモをひとまとめにしたものが「プロジェクト」だ。これはWindowsのエクスプローラーのフォルダーのようなものだと考えればいいだろう。Scrapboxでは複数のプロジェクトを作成できるので、さまざまな用途に使える。

1 Scrapboxにログインすると表示されるプロジェクトの画面。はじめからユーザー名が付いたプロジェクトが用意され、ページが一覧表示される。まずは「＋」をクリックする。

2 ページの編集画面に切り替わるので、まずはタイトルを入力する。タイトルは大きいフォントで表示される。

3 2行目以降にページの本文を入力する。2行目以降のフォントサイズはタイトルよりも小さくなる。入力が済んだら、画面左上のプロジェクト名をクリックする。

4 プロジェクトを新規作成する場合は、画面左上のアイコンをクリックすると表示されるメニューから、「Create new project」をクリックする。

02 ページやプロジェクトを 削除する

不要なページは削除して 整理しよう

シンプルでウェブアプリとは思えないほどサクサクメモを書き留めることができるScrapbox。そのため、ついついメモを書きすぎてしまい、無駄なページが増えてしまったということもあるはず。ページの数が増えてしまうと、プロジェクト内でのページの視認性が損なわれ、肝心の情報が見つからないということも起こり得る。そんな風にならないようにするには、不要になったページはこまめに削除しよう。また、不要なプロジェクトも削除できる。

なお、ページやプロジェクトを共有、公開していた場合、それらを削除すると発行済みのURLも無効になり、以降はアクセスできなくなる。

ページを削除する

1 プロジェクトの画面で削除するページをクリックして表示しておき、右側のファイルのアイコンをクリックして、メニューから「Delete this page」をクリックする。

2 確認のメッセージが表示されるので、「OK」をクリックして削除する。なお、この操作は取り消すことができないので、削除したページは復元できない点に注意しよう。

プロジェクトを削除する

1 削除するプロジェクトに切り替えておき、画面左上のアイコンをクリックし、「Settings」をクリックする。

2 「Setting」をクリックし、「Delete this project」をクリックする。続けて表示される画面でプロジェクト名を入力して手順を進めると、プロジェクトが削除される。

03 ページを作って「リンク」「タグ」を付けてみよう

リンクで新たなページをどんどん作れる!

Scrapboxの特徴の1つであるリンク機能は、選択した単語にリンクを設定することで、その単語をタイトルとした新たなページをすばやく作成できるというものだ。1つのページにある事柄に関しての要旨を書いておき、その中に含まれる用語の詳細は別のページに書くといった場合に便利で、こうしてリンクしたページは、一方のページの内容を表示すると、自動的にその下に表示されるので、相関関係が分かりやすくなる。

また、タグによるページの分類ももちろん可能。タグは半角の「#」に続けてタグ名を入力すればよく、以降はタグをクリックすると、同じタグを含むページがピックアップされる。

1 リンクを設定するテキストを選択すると表示されるポップアップから、「[Link]」をクリックする。テキストの前後に「[」「]」を入力しても同じだ。

2 リンクが設定されてテキストの色が変わり、テキストがタイトルになった新規ページが「New Links」として表示される。新規ページをクリックする。

3 新規ページが表示されるので、必要に応じてメモの本文を入力する。画面下の「Links」には、リンク元となったページが表示される。

4 他のメモツールなどでもおなじみのタグは、半角の「#」に続けてタグ名を入力する。以降タグをクリックすると、同じタグの付いたページが画面下に表示される。

04 既存のページを編集中のページにリンクする

ブラケットの間にリンク先タイトルを入力する

リンク先のページを新規作成するだけでなく、すでに作成済みのページも、現在編集中のページのリンク先にすることができる。さまざまな内容のページを五月雨式に作っておき、後からそれぞれを関連付けたい場合には、この方法を用いるといいだろう。

既存ページにリンクするには、まず半角のブラケット「[」を入力する。Scrapboxではブラケットの先頭を入力すると、閉じるブラケット「]」が自動入力されるので、「[」「]」の間にリンク先のページのタイトルを入力すればいい。リンクを解除するには、両方のブラケットを削除する。

1 ページ本文のリンクを挿入する位置にカーソルを移動して、先頭のブラケットを入力する。

2 自動的に閉じるブラケット「]」が入力され、カーソルがブラケットの間に移動する。

3 ブラケットの間に、リンク先のページのタイトルを入力すると、画面下の「Link」にそのページが表示されるのでクリックする。

4 リンク先のページの内容が表示される。画面下には、リンク元のページが表示され、相互に関連付けられたことが確認できる。

05

「太字」や「打ち消し線」なども使える

記法を駆使してテキストを修飾しよう

他のメモツールと同様に、Scrapboxでもページ本文のテキストに、太字、イタリック（斜体）、打ち消し線といった書式を設定して飾ることができる。これらの書式は、目的のテキストを選択すると表示されるポップアップから設定できる他、Scrapboxの独自記法で設定することもできる。すべての記法に共通するのは、まず対象となるテキストをブラケット（「［」「］」）で囲むことだ。その上で、対象となるテキストの前に記号を入力する。記法を覚えておくことで、キーボードから手を放すことなくテキストにさまざまな書式を設定でき、入力に集中できるはずだ。

テキストを太字にする

1 テキストを選択するとポップアップメニューが表示されるので、「Strong」をクリックする。

2 選択したテキストが太字になる。テキストをブラケットで囲んでテキストの前に「＊（アスタリスク）」を入力しても太字になる。

テキストに打ち消し線を引く

1 テキストを選択するとポップアップメニューが表示されるので、「Strike」をクリックする。

2 選択したテキストに打ち消し線が引かれる。テキストをブラケットで囲んでテキストの前に「ー（ハイフン）」を入力しても打ち消し線が引かれる。

06

箇条書きで情報をわかりやすく整理しよう

行の先頭にスペース入力で箇条書きになる

Scrapboxのメモ本文では、箇条書きの自動入力も可能だ。項目をすっきり整理して見せることに効果を発揮する箇条書きは、アイディアを整理するのに最適なので、自動入力する方法を是非覚えておきたい。

箇条書きの自動入力機能を利用するには、行の先頭でスペースキー、もしくはTabキーを押せばいい。行の先頭に「・」が入力されるので、そのまま箇条書きの項目テキストを入力しよう。入力が済んだら、Returnキーを押して改行すれば、次の行も自動的に先頭に「・」が入力され、箇条書きが継続する。箇条書きを途中で止めるには、BackSpaceキーを押して「・」を削除する。

箇条書きを自動入力する

1 行の先頭でスペースキーあるいはTabキーを押してから、箇条書きの項目を入力し、改行する。

2 次の行の先頭に自動的に箇条書きの行頭記号「・」が入力される。

箇条書きを終了する

1 自動入力された箇条書きの行頭記号「・」の右側にカーソルを移動する。

2 BackSpaceキーを押して「・」を消し、そのままテキストを入力すると、箇条書きが解除される。

07 画像やGIFアニメを貼るのも簡単!

簡易的な画像メモとしてもScrapboxは使える

Scrapboxのページは、基本的にテキストとリンク主体のメモだが、他のメモツールと同様に画像を貼り付けてメモとしてストックすることができる。ただし、Evernoteなどのように貼り付けた画像内の文字認識には対応していない点には注意してほしい。

Scrapboxでは、ウェブページに掲載されている画像と、PCに保存されている画像を貼り付けることができる。前者の場合は、画像のURLをページ本文に貼り付ければいい。後者の場合は、デスクトップなどからページの本文に画像のファイルをドラッグ&ドロップする。なお、この方法で貼り付けられる画像のファイル形式は、JPEG、PNG、GIFとなっている。

ウェブページの画像を貼り付ける

1 ウェブページの画像をブラウザーで表示して、アドレスバーのURLをコピーする。

3 URLが貼り付けられ、画像がプレビュー表示される。画像を削除するには、画像をクリックすると表示されるURLを削除すればいい。

2 Scrapboxのページ本文を右クリックすると表示されるメニューから、「貼り付け」をクリックする。

PC内の画像を貼り付ける

画像をScrapboxのページ本文にドラッグ&ドロップすると、画像が貼り付けられる。画像はアップロードされるので、PCの元画像は削除してもかまわない。

---

08 ページを他のユーザーと共有するには?

相手に招待のメールを送ろう

Scrapboxのもう1つの特徴が、プロジェクト単位で他のユーザーとページを共有できることだ。共有することで、オンラインで複数人でアイディアを持ち寄ったり、テキストをブラッシュアップしたりすることができるので、とても便利だ。

共有するためには、相手をメールで招待する必要がある。相手はメールに記載されたURLをクリックし、ScrapboxにGoogleアカウントでログインすることで受諾したことになり、以降はプロジェクト内のページを編集したり、新規ページを作ったりできるようになる。共有の解除は、プロジェクトの「Settings」の画面から行える。

1 共有するプロジェクトをScrapboxで開いておき、画面左上のアイコンをクリックすると表示されるメニューで「Settings」をクリックする。

3 既定のメールアプリが起動して、メール本文にプロジェクトのURLが自動入力される。相手のメールアドレスを入力して送信する。

2 「Settings」の画面が表示されるので、「Members」をクリックし、「Email」をクリックする。

4 相手がプロジェクトを表示すると、「Settings」の画面の「Members」をクリックした画面に名前が表示される。ここで「Delete」をクリックすると、共有が解除される。

09 Scrapboxのページを ブログとして公開する

クラウドのブログエディタ としても使える

Scrapboxには、プロジェクトをインターネット上に公開する機能が備わっている。この機能を有効にすれば、プロジェクト内のすべてのページを、全世界のユーザーが閲覧できるという、ブログのような使い方が可能だ。プロジェクトの共有機能とは異なり、公開機能では各ページにアクセスするユーザーは閲覧はできるものの、当然ページの編集や追加・削除はできないので、ページの内容が改ざんされるような心配はない。シンプルで使いやすい上、プラットフォームを問わずいつでもどこからでも利用できるScrapboxをブログエディタ代わりに利用すれば、日々のブログ更新も捗るはずだ。

1 まずは一般公開用のプロジェクトを新規作成するため、画面左上のアイコンをクリックすると表示されるメニューから、「Create new project」をクリックする。

2 プロジェクトの名前を入力する。これがブログのURLになる。続けて「Public Project」を選択して、「Create」をクリックする。

3 プロジェクトが作成されたら、「Settings」の画面を表示して、「Settings」をクリックすると、プロジェクトの名前とURLを確認できる。ここで変更することも可能だ。

4 一般公開されたプロジェクトでは、個々のページがブログの記事になる。ページのURLは、ページの内容を表示して画面右端のファイルアイコンをクリックし、「Copy link」をクリックするとコピーできる。

10 スマートフォンでも ページの作成や編集ができる

いつでも、どこからでも Scrapboxにアクセスしよう

ウェブサービスとして提供されているScrapboxは、PCだけでなく、スマートフォンやタブレットからでもウェブブラウザーを使ってアクセスできる。これにより、外出先で手元にPCがなくても、ページを新規作成したり、既存のページを編集したりといったことが可能だ。

気になるのはスマートフォンやタブレットでの使い勝手だが、はっきりいってPCでアクセスした場合とまったく遜色なく使える。テキストの入力もスムーズで、書式の設定方法もあまり変わらない。Scrapboxの特殊記法ももちろん使え、ページ本文への写真の貼り付けにも対応している。

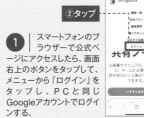

1 スマートフォンのブラウザーで公式ページにアクセスしたら、画面右上のボタンをタップして、メニューから「ログイン」をタップし、PCと同じGoogleアカウントでログインする。

3 テキストの入力もスムーズにできる。リンクの設定や、画像の貼り付けもできる。画像は他のアプリからコピーして本文にペーストする。

2 メインのプロジェクト画面は、PC版とほぼ同じ。画面左上のアイコンタップで表示されるメニューから各種設定ができ、「+」のタップで新規ページを作成できる。

Scrapboxの主な特殊記法

書式	特殊記法の書き方
太字	[* 対象のテキスト]
もっと太字	[**** 対象のテキスト]
イタリック(斜体)	[/ 対象のテキスト]
太字イタリック	[/* 対象のテキスト]
打ち消し線	[- 対象のテキスト]
イタリック打ち消し線	[-/ 対象のテキスト]
リンク	[対象のテキスト]

4 スマートフォンでは、書式設定は特殊記法で行う。主要なモノは表のとおりなので、覚えておこう。

クラウド活用テクニック150

2020年 | 最新版!
2020 Cloud Activate Manual 150 !!!!

2020年3月31日　発行

著者
河本亮
小暮ひさのり
小原裕太

カバーデザイン
ゴロー2000歳

本文デザイン
ゴロー2000歳
松澤由佳

本文DTP
松澤由佳

編集人:内山利栄
発行人:佐藤孔建

発行・発売所:スタンダーズ株式会社
〒160-0008　東京都新宿区四谷三栄町12-4
竹田ビル3F
営業部 (TEL) 03-6380-6132
印刷所:株式会社シナノ